R. Sonyi / H.-P. Zinser
Auf dem Weg zum Zertifikat

Auf dem Weg zum Zertifikat

Qualitätsmanagement-Systeme in kleinen und mittleren Unternehmen

Von Dipl.-Ing. Richard Sonyi, Ostfildern
und Dipl.-Ing. Hans-Peter Zinser, Stuttgart

B. G. Teubner Stuttgart 1996

Die Deutsche Bibliothek – CIP-Einheitsaufnahme

Sonyi, Richard:
Auf dem Weg zum Zertifikat : Qualitätsmanagement-Systeme
in kleinen und mittleren Unternehmen / von Richard Sonyi
und Hans-Peter Zinser. – Stuttgart : Teubner, 1996
  ISBN 978-3-663-05663-8   ISBN 978-3-663-05662-1 (eBook)
  DOI 10.1007/978-3-663-05662-1
NE: Zinser, Hans-Peter:

© B. G. Teubner Stuttgart 1996
Softcover reprint of the hardcover 1st edition 1996
Gesamtherstellung: Präzis-Druck GmbH, Karlsruhe
Einbandgestaltung: Peter Pfitz, Stuttgart

Vorwort

Zum beherrschenden Thema in den Unternehmen der gewerblichen Wirtschaft ist seit der Qualitätsinitiative im Jahre 1989 die Einführung eines Qualitätsmanagement-Systems geworden. Das gilt ebenso für den formalen Nachweis dieses Systems, d.h. die Zertifizierung. Im internationalen Vergleich besteht Nachholbedarf. Einige Länder, vor allem Großbritannien, haben die für die Einführung von Qualitätsmanagement-Systemen zuständige Normenreihe DIN EN ISO 9000 schon viel früher konsequent angewandt. In Deutschland nimmt das Bewußtsein für die Bedeutung des Qualitätsmanagement-Systems deutlich zu. Gestiegener Marktdruck und Strukturwandel, dem die meisten Unternehmen unterliegen, sind Gründe dafür.

Der gestiegene Marktdruck zeigt sich vor allem in den gestiegenen Kundenforderungen hinsichtlich eines zertifizierten Qualitätsmanagement-Systems. Ein weiterer Grund zur Zertifizierung ist oftmals auch der von einer Zertifizierung betroffene Umsatz, der zeigt, daß die Bedeutung der Zertifizierung immer größere Bereiche eines Unternehmens betrifft.

Auch die Bedeutung der einzelnen Nachweisstufen der DIN EN ISO 9000 ff. hat sich in den letzten Jahren stark verändert. Am meisten wird von den Kunden die umfangreichste Nachweisstufe, DIN EN ISO 9001, verlangt. Die Bedeutung der weniger umfangreichen Nachweisstufen DIN EN ISO 9002 und DIN EN ISO 9003 ist merklich geringer geworden.

Trotz steigendem Marktdruck verringert sich die Unsicherheit der Unternehmen kaum. Warum ein Kunde ein Zertifikat verlangt, scheint vielen Unternehmen heute noch unklar zu sein. Vielerorts weiß man nicht, ob ein deutsches Zertifikat überhaupt anerkannt wird. Auch können viele Unternehmen kaum einschätzen, ob der Kunde trotz Zertifizierung selbst noch nachprüft.

Nicht nur die Einschätzung fällt in aller Regel den Unternehmen schwer; auch die Einführung eines Qualitätsmanagement-Systems stößt oft auf größere Probleme, da die DIN EN ISO 9000 nicht deren Anforderungen angepaßt ist. Darüber hinaus verfügen die Unternehmen oftmals über wenig eigenes Qualitätsmanagement-Wissen und über ein begrenztes Budget. Viele Unternehmen sind oft noch der Meinung, sie seien zu klein, um sich diesen „administrativen Zusatzaufwand" aufzubürden.

Dieses Fachbuch soll in erster Linie eine Anleitung für alle in dieser Materie bisher unerfahrenen Praktiker sein, die, genauso wie die beiden Autoren, als QM-Beauftragte eines Unternehmens die für sie neue Aufgabe übertragen bekommen, ein nach DIN EN ISO 9000 ff. gerechtes, firmenspezifisches QM-System zu gestalten und zu etablieren.

Die Darstellungen sollen vor allem kleineren mittelständischen Unternehmen eine Starthilfe geben, um mit möglichst geringem Aufwand die Thematik der Zertifizierung in Angriff nehmen zu können.

Das Fachbuch basiert auf den Erfahrungen, die beide Autoren in verschiedenen Unternehmen gesammelt haben. Bei der Ausarbeitung wurde versucht, die Materie des Qualitätsmanagements so anwendungsorientiert wie möglich zu beleuchten, was dadurch zum Ausdruck kommt, daß neben allgemeinen, erläuternden Abschnitten besonderer Wert auf den Praxisteil mit verschiedenen Anwendungsbeispielen gelegt wurde.

So ist dieses Fachbuch für den Personenkreis bestimmt, der beauftragt wird, ohne vertiefte praktische Vorkenntnisse ein QM-System in einem Unternehmen einzuführen. Dabei spielt es keine Rolle, in welcher Branche ein solches Qualitätsmanagement-System eingeführt werden soll. Das Fachbuch soll ganz allgemein einen Überblick über die Problematik eines normkonformen QM-Systems geben.

Wir hoffen, durch unsere Ausführungen diesen Überblick zu vermitteln und Hinweise zu geben, um von Beginn an auf den richtigen Weg zum Zertifikat zuzusteuern.

Stuttgart, Ostfildern, im Frühjahr 1996

Inhaltsverzeichnis

Teil B: Qualitätsmanagement-Systeme in der Praxis

Ausblick

Anhang

Teil A

Qualitätsmanagement-Systeme und Zertifizierung

1 Deutschland im Zertifizierungsrausch

Seit den 60er Jahren hat „Qualität" im internationalen Wettbewerb immer mehr an Bedeutung gewonnen. Man verwendet den Begriff gleichwohl im privaten wie im beruflichen Leben. Es ist nicht zu übersehen: Qualität hat sich zu einem Schlagwort und Werbemittel entwickelt und ist zu einem nicht zu unterschätzenden Faktor für den Erfolg im Wirtschaftsleben geworden. Deshalb kann es kaum überraschen, daß heute Produkthersteller und Anbieter von Dienstleistungen aller Art versuchen, Kunden für sich zu gewinnen, indem sie auf die Qualität ihrer Erzeugnisse verweisen.

Besonders die fernöstlichen Erfolge in vielen Branchen sind zum großen Teil auf intensive Anstrengungen in der firmenweiten Qualitätssicherung zurückzuführen. Mit wachsender Furcht vor der japanischen, betont qualitätsorientiert auftretenden Konkurrenz wurde alsbald eine massive Qualitäts-Bewegung in Gang gesetzt, die der westlichen Industrie grundlegende Neuerungen brachte.

Die bundesdeutsche Wirtschaft hatte in früheren Jahren sozusagen „natürliche" Vorteile aufgrund der traditionell positiven Einstellung zu guter Qualität und wegen des hohen Ausbildungsniveaus. Davon zehrt(e) das weltweite „Qualitäts-Image" deutscher Erzeugnisse. Deutsche Qualität hat zwar nach wie vor im Ausland einen verhältnismäßig hohen Stellenwert, es stellt jedoch die Frage, wie lange noch.

Umsatzeinbrüche, hohe Rabatte und ein Gütezeichen „Made in Germany", das immer weniger glänzt, bringen viele mittelständischen Unternehmen an den Rand der Existenz. „Made in Germany" - als ein alter Qualitätsbegriff - reicht nicht mehr aus, um im Markt bestehen zu können. Die Zertifizierung nach DIN EN ISO 9000 ff. und eine Nullfehler-Qualität sollen Abhilfe schaffen. In vielen Bereichen der deutschen Wirtschaft wird derzeit die Zertifizierung nach DIN EN ISO 9000 ff. für immer mehr Betriebe ein „Muß". Trotzdem zögern viele mit der Einführung.

Ist nun ein Qualitätsmanagement-System das Allheilmittel?

Die deutschen Unternehmen glauben noch heute, sich auf dem Label „Made in Germany" ausruhen zu können. Doch diese Zeiten scheinen vorbei zu sein. Die Mittelstandsunternehmen - vor allem die der klassischen Investitionsgüterindustrie - erhalten nur dann noch Großaufträge, wenn sie nachweisen können, daß sie nach DIN EN ISO 9000 ff. zertifiziert sind oder dies zumindest planen. Jeder zweite Unternehmer und Inhaber erklärt, daß er ISO 9000 ff. und eine Nullfehler-Qualität für wichtig hält, denn wer Fehler produziert, verursacht Kosten. Qualität bedeutet aber heute nicht mehr nur Produktqualität.

Viele sind gegen ein Qualitätsmanagement-Handbuch, offenbar aus Angst, nicht mehr im Unternehmen walten zu können, wie sie es als Inhaber gewöhnt sind. Sie befürchten starre und vorgeschriebene Betriebsabläufe. Das Thema ISO 9000 ff. eröffnet aber doch gerade Kreativität, weil Standardprozesse dokumentiert und abgelegt sind. Die Norm ist kein Mammutprogramm, das den Betrieb reguliert. Vielmehr muß es als Chance verstanden werden, die Betriebsblindheit, die sich in den letzten Jahren während der Konjunktur eingeschlichen hat, wieder zurückzudrängen. Die Unternehmen haben wegen der Papierflut, nicht nur verursacht durch die Zertifizierungsstellen, negative Erfahrungen gemacht. Es hat sich das Vorurteil festgesetzt, daß man reglementiert wird. Zahlreiche Unternehmen lassen sich durch die hohen Kosten der Berater und durch die zertifizierenden Stellen abschrecken.

Heutzutage sind Zertifikate für Qualitätsmanagement-Systeme als in doppelter Hinsicht wirksam erkannt: zum einen zwingt das Vorhaben, sich zertifizieren zu lassen, das jeweilige Unternehmen zum systematischen Aufbau einer Qualitätssicherung. Daß dies, richtig angegangen, letzten Endes den Aufwand lohnt, ist vielfach nachgewiesen. Zum anderen hat das Zertifikat einen Platz im Marktgeschehen als wirksames Werbeargument gefunden. Auch sieht ein Unternehmen in dem Weg zur Zertifizierung die Möglichkeit, seinen Betrieb rationeller und wirtschaftlicher zu gestalten. Schließlich ist ein funktionsfähiges Qualitätsmanagement-System, in dem sämtliche die Produktqualität beeinflussenden Prozesse systematisiert sind, für ein modernes Industrieunternehmen unerläßlich. Die Anwendung geeigneter Methoden der präventiven Qualitätssicherung gewährleistet, daß Qualität geplant, entwickelt und produziert wird, statt sie mit hohem Zeit- und Kostenaufwand zu erprüfen, oder Reklamationen und Imageverluste in Kauf zu nehmen. Dabei wird deutlich, daß Qualitätssicherung nicht auf die QS-Abteilung begrenzt sein kann, sondern Aufgabe aller Führungskräfte und Mitarbeiter des Unternehmens ist.

Freilich kommt es darauf an, für jedes Unternehmen genau zu entscheiden, ob dieser Weg Erfolg verspricht. Der Aufwand allein für den Prozeß der Auditierung und Zertifizierung ist verhältnismäßig gering. Mehr als das Zehnfache mag man in vielen Fällen jedoch zum Aufbau eines Qualitätsmanagement-Systems aufwenden müssen. Wer jedoch nur abwartet, kann den Anschluß verpassen.

Aufgrund folgender Entwicklungen wird der Mittelstand jetzt gezwungen, die DIN EN ISO 9000 ff. einzuführen: aus dem asiatischen Raum kommen die direkten Wettbewerber mit ISO-Zertifikaten. Bedingt durch die jahrelangen Geschäftsbeziehungen fällt das Unternehmen nicht sofort aus der Lieferantenliste, rutscht aber zum B-Lieferant ab. Die nicht zertifizierten deutschen Mittelstandsbetriebe können sich nur dann halten, wenn sie „entsprechende" Rabatte gewähren. Dadurch gefährden sie jedoch ihre Existenz. Deshalb erleben wir in Deutschland einen ISO-Boom. Nicht aufgrund von Einsicht und Vernunft. Die bundesdeutsche Industrie wird in einem nicht zu unterschätzenden Maße von kleinen und mittelständischen Unternehmen getragen. Die Umsetzung der Norm bei einer Zertifizierung nach DIN EN ISO 9000 ff. erfordert schon deshalb eine gewisse Anpassung. Oft werden in solchen kleinen Unternehmen Abteilungen, auf die die Norm anzuwenden ist, in Personalunion von einer Person geführt. Konformität zwischen Betriebsstruktur und Norm herzustellen, ist daher eine besondere Aufgabe.

Die Norm kann jedoch nur eine Momentaufnahme sein, denn DIN EN ISO 9000 ff. muß gelebt werden. Weit schlimmer als die oftmals anzutreffende 08/15-Mentalität ist, daß man in Deutschland Fehler nicht zugeben, aufdecken und daraus lernen will. Die Qualifizierung nach DIN EN ISO 9000 ff. wird zu sehr als isoliertes Thema betrachtet. In Wirklichkeit handelt es sich dabei um eine logische Kette: Arbeitssicherheit, Qualitätssicherung und Umweltmanagement. Sicherheit am Arbeitsplatz gilt heute als Selbstverständlichkeit. Dagegen hat das Thema Qualitätssicherung den Status unternehmerischer Existenzsicherung bekommen. Die Zertifizierung steht damit ganz am Anfang der Aufholjagd.

2 Zertifizierung von QM-Systemen

2.1 Die Normenreihe DIN EN ISO 9000 -9004

In den letzten Jahren pilgerte der Westen verstärkt nach Japan, um herauszufinden, worauf der große Erfolg vieler japanischer Industrieunternehmen beruhte. Alle, die dort waren, kamen mit vagen Vorstellungen zurück und veranlaßten eine schnelle Einführung entsprechender Qualitätsmethoden und -techniken, die aufgrund ihrer unbestrittenen Wirksamkeit als die „rettende" Lösung für das eigene Unternehmen dankbar aufgenommen wurden. Doch das, was so mancher Japaner schon damals vermutete, stellte sich rasch ein: Viele der „unter Zwang" eingeführten bzw. „verordneten" Techniken und Methoden blieben Stückwerk, der gewünschte Erfolg blieb aus.

Die ersten ganzheitlichen bzw. normativen Qualitätsmanagement-Systeme sind Ergebnisse, die auf die erst in den letzten Jahren einsetzende Entwicklung von solchen Systemen zurückzuführen sind. Diese im Westen recht „junge" Entwicklung, hin zu umfassenden Qualitätsmanagement-Systemen, soll u.a. die DIN EN ISO 9000 ff. unterstützen.

2.1.1 ISO 9000 - was ist das ?

Im internationalen Geschäft gewinnt die Normung von Qualitätsmanagement-Systemen zunehmend eine immer größere Bedeutung. Mit der Gründung der International Organisation for Standardization (ISO) wurde in Genf eine Dachgesellschaft ins Leben gerufen, welche mehrere nationale Normenausschüsse vereinigt. Die Hauptaufgabe der ISO besteht darin, die von den einzelnen Ländern vorgeschlagenen Standardisierungen zu vereinheitlichen. Da die ISO auf internationaler Ebene arbeitet, hat sie großen Einfluß auch auf das nationale Geschehen im jeweiligen Land. Die von dieser Dachgesellschaft erarbeiteten Richtlinien werden an die nationalen Normenausschüsse als Empfehlung weitergegeben (z.B. auch an die DIN in Deutschland). Die Normenreihe ISO 9000 ff. wurde in der EG in die Normenreihe EN 29000 ff. und in Deutschland zwischenzeitlich in die DIN EN ISO 9000 ff. übernommen. Diese seit 1987 existierende Normenreihe beschäftigt sich inhaltlich mit der Forderung, daß Unternehmen Methoden und Verfahren zur Fehlervermeidung im Rahmen eines Qualitätsmanagement-Systems einzurichten haben. Konformität, interne Prüfsysteme sowie Aufbau-, Ablauf- und

Verfahrensdokumentationen spiegeln sich in einem Qualitätsmanagement-Handbuch wieder.

Diese Normenreihe hat heutzutage weitreichende Konsequenzen für die Auftragsvergabe.

2.1.2 Die Gliederung der Normenreihe

Durch die Anhäufung von Systemaudits entstand die Situation, daß die Lieferanten von ihren verschiedenen Kunden mit einer großen Anzahl unterschiedlicher Forderungskataloge konfrontiert wurden. Somit entstand der Wunsch, die Nachweisforderungen an ein QM-System zu vereinheitlichen.

1979 wurde innerhalb der „International Organisation for Standardisation" eine sog. Task Force unter der Bezeichnung ISO TC 176 gegründet, die die Aufgabe hatte, die Nummerierung und die Implementierung der ISO 9000-Serie vorzubereiten. 1987 konnte die ISO 9000-Serie dann veröffentlicht werden.

Da alle Qualitätsmanagement-Systeme aus ähnlichen Aufbau- und Ablaufelementen bestehen, konnte man die Anforderungen an ein QM-System in der Normenreihe DIN ISO 9000-9004 festlegen. In der Zwischenzeit wurden die Europäischen Normen EN 29000 - 29004 mit einbezogen, so daß man heute von der Normenreihe DIN EN ISO 9000 - 9004 spricht.

Diese Normenreihe ist weitgehend branchen- und produktunabhängig. Eine Aufsplittung in einzelne Branchen ist nicht vorgesehen. Dennoch gibt es für bestimmte Bereiche, wie z.B. Software (9000 Teil 3), Dienstleistungen (9004 Teil 2) und Verfahrenstechnik (9004 Teil 3), spezielle zusätzliche Ausführungen.

Im einzelnen gliedern sich die Normen wie folgt:

DIN EN ISO 9000:

Diese Norm beinhaltet einen „Leitfaden zur Auswahl und Anwendung der Normen zu Qualitätsmanagement und Qualitätssicherungs-Nachweisstufen".

Die DIN EN ISO 9000 enthält grundsätzliche Informationen zum Umgang mit der Normenreihe. In ihr werden grundlegende Qualitätskonzepte erläutert, Begriffe aus der Qualitätssicherung definiert und Hinweise für die Auswahl und Anwendung der Normenreihe gegeben. DIN EN ISO 9000 wird immer in Verbindung mit einer der anderen Normen der Normenreihe genutzt.

Die Normen DIN EN ISO 9001-9003 stellen drei verschiedene Modelle zur Darlegung eines QM-Systems dar, Tab. 2.1. Sie enthalten inhaltlich gegliederte und in QM-

Elemente zusammengefaßte Forderungen an die Aufbau- und Ablauforganisation eines QM-Systems. Sie unterscheiden sich im wesentlichen durch ihren Anwendungsbereich und damit auch durch ihren Umfang an Forderungen.

DIN EN ISO 9001:

Diese Norm ist umschrieben als „Modell zur Qualitätssicherung/QM-Darlegung in Design, Entwicklung, Produktion, Montage und Wartung".

Die DIN EN ISO 9001 ist die umfangreichste der drei möglichen Nachweisstufen. Sie enthält Forderungen bezogen auf alle Produktentstehungsphasen von der Planung über die Realisierung bis hin zur Wartung. Die Anwendung dieser Norm ist zu empfehlen, wenn Produkte neu entwickelt werden oder besondere Entwicklungsrisiken bestehen. Eine Zertifizierung nach DIN EN ISO 9001 beinhaltet also immer auch eine Zertifizierung nach DIN EN ISO 9002 und nach DIN EN ISO 9003.

DIN EN ISO 9002:

Dieses „Modell zur Qualitätssicherung/QM-Darlegung in Produktion, Montage und Wartung" wird relativ häufig in der Industrie - vor allem bei kleineren und mittelständischen Unternehmen - angewandt. Der Begriff der Produktion umfaßt dabei nicht nur das Produkt als physisch existierendes Material, sondern auch die Produktion von Dienstleistungen.

In der DIN EN ISO 9002 wird das QM-Element Designlenkung (Entwicklung/ Konstruktion) nicht berücksichtigt. Diese Norm ist z.B. bei Auftragsfertigung nach vorgegebenen Zeichnungen anzuwenden, also dort, wo dieses Element nicht erforderlich ist.

DIN EN ISO 9003:

Diese Norm hat einen eingeschränkten Anwendungsbereich, da sie sich lediglich auf die Anwendung von QM-Elementen für Endprüfungen bezieht. Sie kann angewendet werden, wenn bei einfachen Produkten die Erfüllung der Qualitätsforderungen anhand einer Endprüfung ausreichend nachgewiesen werden kann.

Tab. 2.1: QM-Elemente der DIN EN ISO 9001 bis 9003

QM-Element	Nr.	9001	9002	9003
Verantwortung der Leitung	4.1	x	x	x
Qualitätsmanagementsystem	4.2	x	x	x
Vertragsprüfung	4.3	x	x	x
Designlenkung	4.4	x	-	-
Lenkung der Dokumente und Daten	4.5	x	x	x
Beschaffung	4.6	x	x	-
Lenkung der vom Kunden beigestellten Produkte	4.7	x	x	(x)
Identifikation und Rückverfolgbarkeit von Produkten	4.8	x	x	(x)
Prozeßlenkung	4.9	x	x	-
Prüfungen	4.10	x	x	(x)
Prüfmittelüberwachung	4.11	x	x	x
Prüfstatus	4.12	x	x	(x)
Lenkung fehlerhafter Produkte	4.13	x	x	(x)
Korrektur- und Vorbeugungsmaßnahmen	4.14	x	x	(x)
Handhabung, Lagerung, Verpackung, Schutz und Versand	4.15	x	x	x
Lenkung von Qualitätsaufzeichnungen	4.16	x	x	(x)
Interne Qualitätsaudits	4.17	x	x	(x)
Schulung	4.18	x	x	(x)
Wartung (Kundendienst)	4.19	x	x	-
Statistische Methoden	4.20	x	x	(x)

Dabei bedeuten: ´x´:   Forderung zur Darlegung

                      ´(x)´:   reduzierte Forderung gegenüber 9001

                      ´-´:   keine Forderung zur Darlegung

DIN EN ISO 9004:

Die DIN EN ISO 9004 ist ein übergeordneter Leitfaden für Qualitätsmanagement und die möglichen Elemente eines Qualitätssicherungssystems. Sie enthält bezüglich wichtiger Elemente eines QM-Systems Hinweise und Empfehlungen zum Aufbau eines solchen Systems. Sie ist gegenüber den anderen Normen allerdings unabhängig von Nachweispflichten im Zusammenhang mit Kunden-Lieferanten-Beziehungen. Dies kommt zum Ausdruck durch die Verwendung von "Soll-" bzw. "Kann-Bestimmungen" anstelle von "Muß-Bestimmungen" in den vorausgegangenen Normen.

Ausschlaggebend für die Auswahl der in dieser Norm beschriebenen geeigneten QM-Elemente sind Faktoren wie Produktart, Fertigungsprozesse oder auch spezifische Kundenanforderungen. Sie kann deshalb auch nur zusammen mit einer der Nachweisstufen 9001 bis 9003 angewandt werden.

Die jeweilige Norm überläßt dem Ersteller eines QM-Systems bis auf eine Reihe definierter Mindestanforderungen einen weitgehenden Spielraum. Ein QM-System ist niemals Selbstzweck. Es soll vielmehr dem Unternehmen helfen, sich am Markt besser behaupten zu können. Das QM-System sollte so implementiert sein, daß es nicht nur zusätzliche Kosten und Bürokratie verursacht, sondern auch die gewünschten Vorteile hinsichtlich wachsenden Gewinns und wachsender Marktanteile sowie eine Senkung der eigenen Kosten mit sich bringt.

2.1.3 Die Ziele dieser Normenreihe

Die Forderung dieser Normenreihe ist der Nachweis eines QM-Systems zur Darstellung der Fähigkeiten, ein Produkt oder eine Dienstleistung entwickeln, fertigen und liefern zu können. Die Ziele der DIN EN ISO 9000 ff. sind dabei :

–   die Beschreibung der Aufbau- und Ablauforganisation

–   die Dokumentationspflicht für Regelungen und Ergebnisse

–   die Festlegung von Zuständigkeiten, Verantwortung und Befugnissen

–   die Berichtspflicht bis zur obersten Managementebene

–   die Wirtschaftlichkeit und die Prozeßbeherrschung

–   die Vorbeugungsmaßnahmen zur Vermeidung von Qualitätsproblemen

–   die Mitarbeiterqualifikation und die Fähigkeit der Betriebsmittel

–   die Identifikation mit dem Qualitätsgedanken

Nicht zu vergessen ist die positive Wirkung eines QM-Systems in bezug auf das Produkthaftungsgesetz (Prod-HaftG). Die Vermeidung von Fehlern durch die Anwendung eines QM-Systems schränkt die Möglichkeit zur Produkthaftung mit entsprechendem Kostenrisiko stark ein. In einigen Fällen ergeben sich dadurch auch günstigere Versicherungsprämien.

2.2   Fragen rund um die DIN EN ISO 9000 ff.

1. Woher kommt das Interesse an der DIN EN ISO 9000 ff. ?

Seit dem Maastrichter-Abkommen vom 01.01.1993 ist die Europäische Union zum größten Handelspartner der USA aufgestiegen und stellt in der Welt eine nicht unwichtige „Wirtschaftsmacht" dar. Der Ursprung alles Interesses an der DIN EN ISO 9000 ff. läßt sich auf die „großen", weltweit tätigen Industrieunternehmen zurückführen, die als eine Art „Vorreiter" die Rolle der DIN EN ISO 9000 ff. hinsichtlich des weltweiten Wettbewerbes erkannt haben.

Die DIN EN ISO 9000 ff. wurde als Qualitätsmanagement-Standard von der Europäischen Union angenommen und gilt als Empfehlung für alle Unternehmen, danach zu arbeiten.

2. Warum Zertifizierung ?

Der beste Weg, die Übereinstimmung mit der Norm zu dokumentieren, ist die Zertifizierung durch eine akkreditierte Institution.

Die wichtigsten Gründe für eine Zertifizierung sind:

- objektive Beurteilung der bereits vorhandenen qualitätssichernden Maßnahmen

- Effizienzsteigerung und Kostensenkung

- Vertrauen der Kunden in die Qualität des Unternehmens aufgrund der Übereinstimmung des QM-Systems mit international normierten Qualitätsanforderungen

- durch die Vorlage des Zertifikats können die Kunden auf eigene Prüfungen verzichten.

3. Erfordert die DIN EN ISO 9000 ff. die völlige Neugestaltung des firmeneigenen Qualitätsmanagement-Systems ?

Nein. In den meisten Fällen bildet das bereits vorhandene Qualitätsmanagement-System eine gute Ausgangsbasis für die Umsetzung der DIN EN ISO 9000 ff. im Unternehmen. Ein Zertifizierungsprozeß beginnt immer mit der Bewertung vorhandener qualitätssichernder Maßnahmen.

4. Kann Qualitätsmanagement und Zertifizierung getrennt werden ?

Ja. Die Zertifizierung eines Qualitätsmanagement-Systems bedeutet die Konformität mit einer Norm. Das Qualitätsmanagement selbst jedoch richtet sich an den Kundenbedürfnissen aus.

5. Kann ein Qualitätsmanagement allein auch ein Nachweis sein ?

Ja, denn es geht in aller Regel nicht um das „Zertifikat" in Papierform, sondern um ein wirksames Qualitätsmanagement-System. Manche Kunden jedoch räumen diesem Zertifikat einen höheren Stellenwert ein.

6. Ist die Zertifizierung eine Pflicht oder nur die Kür ?

Nur wenn der Kunde das Zertifikat für eine weitere Geschäftsbeziehung einfordert, sollte dies ein Grund für ein Unternehmen sein, daß Zertifikat anzustreben.

7. Die einzelnen Industriestaaten haben unterschiedliche Zertifizierungssysteme nach DIN EN ISO 9000 ff..

Welches System soll man anwenden ?

Im Grunde ist die Art des Systems nicht so entscheidend, da die Industriestaaten darauf hinarbeiten, ein Abkommen zur gegenseitigen Anerkennung von akkreditierten Zertifizierungssystemen abzuschließen.

Innerhalb der EU wird von der EAC (European Association of Certification) eine Harmonisierung der Zertifikation angestrebt. Folgende Länder haben den multilateralen

Vertrag bereits unterschrieben: Finnland, Norwegen, Schweden, Holland, Schweiz, England, Deutschland und Italien. Weitere Staaten werden folgen.

Die Wahl des Zertifizierungssystems hängt allein von den Kundenanforderungen des zu zertifizierenden Unternehmens ab. Unternehmen, die zum größten Teil für den Export arbeiten, sollten sich überlegen, ob nicht zusätzlich zu einem Zertifikat in Deutschland der Erwerb eines Zertifikates des jeweiligen Landes sinnvoll wäre.

8.   Soll man für alle Standorte des Unternehmens ein Gesamtzertifikat oder für jeden Standort ein separates Zertifikat anstreben ?

Separate Zertifikate für jeden Standort haben folgenden Vorteil: ist ein Gesamtzertifikat für alle Standorte vorhanden und treten nur bei einem Standort Probleme auf, können alle Standorte den zertifizierten Status verlieren, bis das Problem behoben ist. Bei separaten Zertifikaten beschränken sich Probleme auf den jeweiligen Standort.

9.   Welcher Mindestaufwand muß bei einer angestrebten Zertifizierung betrieben werden ?

Der Mindestaufwand zur Erlangung eines Zertifikats ist die Beschreibung der internen Abläufe und Prozesse. Ein entsprechender Handlungsbedarf wird bei der Dokumentation meistens ersichtlich. Der durchschnittliche Aufwand beträgt 4 bis 16 Monate.

10.   Läßt sich der Vorteil einer Zertifizierung für ein Unternehmen abschätzen ?

Ja. Nach eigener Erfahrung beträgt die Kostenreduktion nach der Zertifizierung im Schnitt 5 % vom Umsatz. Dieser Anteil kann sich nach einer Implementierung von TQM (Total Quality Management) auf über 20 % erhöhen.

11.   Was kostet eine Zertifizierung ?

Wenn von Zertifizierungskosten die Rede ist, sind nur die unmittelbar durch den Zertifizierungsprozeß bedingten Kosten gemeint. Hinsichtlich der internen und externen Kosten für Vorbereitung und Durchführung der Zertifizierung kann gesagt werden, daß diese in der Regel den Löwenanteil, d.h. das zwei- bis zehnfache der eigentlichen Zertifizierungskosten ausmachen können.

Generell ist es jedoch sinnvoll, drei Kostengruppen zu unterscheiden:

- Kosten, die im Vorfeld der Audits anfallen (Gebühren, Pauschalen für die Anmeldung und Bearbeitung der bereitzustellenden Unterlagen)

- Kosten, die unmittelbar durch die Begutachtung des Systems vor Ort anfallen (Zertifizierungsaudit, Überwachungs- und Wiederholungsaudit)

- Kosten, die für den Gebrauch des Zertifikates erhoben werden (Kopien des Zertifikates zu Werbezwecken, auf Geschäftspapieren oder in sonstigem Zusammenhang)

Die Angabe der Kosten des Zertifizierungsaudits allein ist in der Regel nicht repräsentativ für die gesamten anfallenden Kosten.

Die Gebührenordnung der Zertifizierer läßt sich unterteilen in:

- fixe Kosten:

    - Pauschale für Kurzfragenliste

    - Registrierungsgebühr

    - Verwaltungsgebühren

    - Pauschale für die Nutzung des Zeichens zu Werbezwecken

und

- variable Kosten:

    - Voraudit

    - Zertifizierungsaudit

    - Nachaudit (falls erforderlich)

    - Überwachungsaudit

    - Wiederholungsaudit

    - Mann-Tag

    - Reisekosten

    - Dokumentation

    - Aufwand für die Auswertung der Kurzfragenliste

Unter diesen Gesichtspunkten können z.B. für ein Unternehmen mit ca. 50 Mitarbeitern und mittlerer Organisationskomplexität bei einer angestrebten Zertifizierung nach DIN

EN ISO 9002 mittlere jährliche Kosten für die Erlangung und den Erhalt des Zertifikates von 7000 bis 15.000 DM anfallen.

Sieht man andererseits Umfragen von Institutionen als repräsentativ für die eigene Situation und sein Unternehmen an, reichen Schätzungen für Einführungskosten von 7000 DM (QM-System hat es schon immer gegeben, daher lediglich Kosten für Zertifizierung) über ca. 150.000 DM (hier werden im wesentlichen externe Kosten zugrundegelegt) bis hin zu 1 Mio. DM/Jahr (bei einer Unternehmensgröße von mehr als 1000 Mitarbeiter; unter Berücksichtigung aller Kosten).

12. Wie können in diesem Zusammenhang externe Berater bewertet bzw. eingeschätzt werden ?

Eine Bewertung von externen Beratern kann grundsätzlich an deren Referenzliste sowie deren Bereitschaft, aktiv an der Umgestaltung des Unternehmens mitzuwirken, erfolgen. Hierbei sollten jedoch meßbare Kriterien (z.B. sogenannte „Etappen"-ziele) festgelegt werden. Gute Berater gestalten ihr Honorar entsprechend dem Erfolg.

13. Gibt es andere Zertifizierungsmöglichkeiten ?

Es gibt drei verschiedene Möglichkeiten der Zertifizierung. Erstens die Herstellererklärung, mit der ein Unternehmen in Eigenverantwortung erklärt, über ein funktionierendes Qualitätsmanagement zu verfügen. Zweitens die Zweitstellenzertifizierung, bei der das Qualitätsmanagement-System des Lieferanten von einem seiner Kunden auditiert wird. Die Überprüfung durch eine unabhängige dritte Stelle (Zertifizierer) stellt die dritte Möglichkeit dar.

14. Wie verhält sich ein Unternehmen gegenüber seinen Lieferanten ?

Die Forderung nach einem Zertifikat von seinen Lieferanten, nur weil das eigene Unternehmen zertifiziert ist, sollte gut überlegt sein. Partnerschaftliche Geschäftsbeziehungen sind heutzutage oft wichtiger und wertvoller als das Stück Papier, auf dem das Zertifikat geschrieben steht.

2.3   Ablauf der Zertifizierung

2.3.1   Voraussetzungen für eine Zertifizierung des Qualitäts-management-Systems

Im folgenden soll es nun um den Vorgang der Zertifizierung selbst gehen.

Die wichtigsten Voraussetzungen für ein zertifizierbares Qualitätsmanagement-System sind:

a)   ein aktuelles Qualitätsmanagement-Handbuch,

b)   die Zustimmung bzw. der nachdrückliche Auftrag der Geschäftsleitung,

c)   eine positive Einstellung der Mitarbeiter zu dem unternehmensspezifischen Qualitätsmanagement-System

und

d)   ein intern durchgeführtes Qualitätsmanagement-Systemaudit sowie die nachweisbare Umsetzung der ggf. notwendigen (Korrektur-)Maßnahmen.

Daneben sollte es einen Qualitätsbeauftragten geben, den man mit der organisatorischen Abwicklung des ganzen Prozesses betraut. Er ist der Korrespondenzpartner zum Zertifizierungsunternehmen und begleitet später das Auditorenteam, wenn es vor Ort Fragen an die Mitarbeiter stellt.

Viele Unternehmen entscheiden sich im Vorfeld einer Zertifizierung zu einem Fremdaudit, um dabei Lücken bzw. Schwachstellen im bestehenden System aufzudecken, die einer späteren Zertifikatserteilung noch eindeutig im Wege stehen könnten. Oft empfiehlt es sich, sich in dieser Situation eines fachkundigen Beraters zu bedienen. Dieser Berater sollte jedoch bei der späteren Auditdurchführung nicht als Auditor beteiligt sein.

Der grundsätzliche Ablauf der Zertifizierung ist im angeführten Schema, Bild 2.2, dargestellt.

2.3.2   Erste Kontakte mit dem Zertifizierer (1. Vertragsabschnitt)

In der Regel bestehen im Unternehmen trotz intensiver Vorbereitung noch oft Zweifel, ob das QM-System einem Zertifizierungsaudit auch wirklich standhalten kann. Auch der Zertifizierer hat ein Interesse daran, mit weiteren Vorbereitungen erst dann zu beginnen, wenn abzusehen ist, daß das Audit zum Zertifikat führen kann.

Im ersten Vertragsabschnitt erhält deshalb der Auftraggeber meist zuerst vom Zertifizierer einen Fragebogen, den er selbst auszufüllen hat. Die Bewertung des Fragenkataloges erfolgt durch den Zertifizierer. Hierbei soll eine Antwort auf die Frage gefunden werden, ob es sich lohnt, schon mit dem 2. Vertragsabschnitt zu beginnen oder ob noch vorhandene Lücken zuerst geschlossen werden müssen.

Über das Ergebnis der Vorbeurteilung erhält der Auftraggeber einen Bericht. Gleichzeitig erfolgt die Benennung der vorgesehenen Auditoren durch die Zertifizierungsstelle. Geltungsbereich und Nachweisstufe der vereinbarten Norm sind zu diesem Zeitpunkt damit festgelegt, sofern dies noch nicht in einem Vorabinformationsgespräch erfolgt ist.

Die meisten Zertifizierer bieten auch die Durchführung eines Voraudits an, wobei die QM-Dokumentation und deren praktische Umsetzung begutachtet wird. So können schon frühzeitig Abweichungen erkannt und zielorientiert beseitigt werden.

2.3.3 Prüfung der Qualitätsmanagement-Unterlagen (2. Vertragsabschnitt)

Im 2. Vertragsabschnitt beginnt der eigentliche Prüfprozeß, d.h. die Prüfung und Bewertung der Qualitätsmanagement-Unterlagen durch das beauftragte Zertifizierungsunternehmen. Anhand der vom Auftraggeber zur Verfügung gestellten Unterlagen (Qualitätsmanagement-Handbuch und ggf. weitere mitgeltende Unterlagen wie Verfahrens-, Arbeits- und Prüfanweisungen) wird nun geprüft, ob deren Ausführung die vereinbarten Normenforderungen erfüllt. Ist das Ergebnis positiv, steht dem 3. Vertragsabschnitt nichts mehr im Wege.

Eine strittige Frage ist oft der Umfang der einzubeziehenden Unterlagen: die detaillierten Verfahrensregelungen gehören genauso dazu wie die aufbau- und ablauforganisatorischen Anweisungen. Die Verfahrensregeln im Detail enthalten oft firmeninternes Knowhow und werden deshalb nur ungern weggegeben. Stichproben zumindest sind jedoch für die Aussage des prüfenden Auditors von Bedeutung.

Die Handbuchprüfung sollte nicht länger als 3 Arbeitstage dauern. Es bleibt jedoch immer ein Restrisiko, daß diese Unterlagenprüfung zu Fehlschlüssen führt, welche später im Audit vor Ort, wo alle relevanten Unterlagen zur Verfügung stehen, dann noch einmal richtiggestellt werden müssen.

Der Auftraggeber erhält einen Kurzbericht über das Ergebnis der Unterlagenprüfung mit Hinweisen zur weiteren Vorgehensweise.

2.3.4   Audit im Unternehmen (3. Vertragsabschnitt)

Das Zertifikatsaudit wird in der Regel von zwei Auditoren (leitender Auditor, zweiter Auditor) durchgeführt. Anhand eines festen Auditplanes, den der Auftraggeber vorher erhält, erfolgt eine Überprüfung, ob nach den intern vorgegebenen Regeln gearbeitet wird und ob diese den zugrunde gelegten Normen entsprechen. Vernünftigerweise beteiligt sich der Qualitätsbeauftragte des Unternehmens an der Ausarbeitung des Auditplanes. Zu empfehlen ist ein Zeitplan mit mindestens zweistündigen Abschnitten. Der Grund für die Anwesenheit der Auditoren sollte den Mitarbeitern des Unternehmens bekannt sein.

Der Auditplan muß sich ausrichten an :

- der Unternehmensorganisation und räumlichen Lage

- den Produkten, die hergestellt werden

- den wichtigen Prozessen, die für die Produktqualität entscheidend sind

- den Elementen des Qualitätsmanagement-Systems, die in der zugrundeliegenden Norm beschrieben sind.

Das Audit wird mit einem Einführungsgespräch eingeleitet, an dem die Geschäftsleitung, die Leiter der vom Audit betroffenen Organisationseinheiten sowie der Qualitätsbeauftragte teilnehmen. Der Leiter des Auditorenteams erläutert den vorgesehenen Ablauf und gibt Auskunft zu diesbezüglichen Fragen.

Nach dem Einführungsgespräch begeben sich das Auditorenteam und deren Begleiter vor Ort, um Fragen zu stellen und Augenschein zu nehmen. Oftmals bedient man sich dabei eines Fragenkataloges oder sogenannter „Checklisten". Eine solche Auditfragenliste dient als Leitfaden für die Auditoren, entbindet diese jedoch nicht, darüber hinaus weitere Fragen zu stellen.

Für die Verwendung solcher Listen spricht:

- die Koordination der Arbeit verschiedener Auditoren

- der planmäßige Ablauf und die Berücksichtigung aller Fragen

- die Tatsache, letztendlich eine Unterlage für die Aussagen des Auditorenteams zu schaffen.

Aus dieser Frageliste wird zum Schluß ein ausführlicher Auditbericht.

Folgende Gefahren sollten im Zusammenhang mit der Anwendung von Fragekatalogen jedoch nicht übersehen werden:

- nicht die Fragelisten sind die Grundlage des Audits, sondern die jeweilige Norm

- das reine Abspulen von Fragen sollte vermieden werden

– zusätzliche, sich aus der Situation ergebende Fragen, müssen ebenso berücksichtigt werden wie diejenigen, die im Katalog niedergeschrieben sind

Erfahrene Auditoren benötigen selten die Hilfe solcher Fragenkataloge. Zumindest für sofortige, stichwortartige Notizen kann der Fragenkatalog genutzt werden. So werden zum Abschluß des Audits keine der getroffenen Feststellungen vergessen.

Jede Abweichung von Vorgaben ist schriftlich festzuhalten. Eine Abweichungsnotiz wird immer dann gefertigt, wenn aus der Sicht der Auditoren eine Abweichung vom Soll nicht akzeptabel ist. Der Tatbestand wird dabei von den Auditoren einfach festgestellt und von einem Mitarbeiter des Unternehmens bestätigt. Auf diesen Auditabweichungsberichten ist von den Zuständigen des Unternehmens später nachzutragen, welche Maßnahmen getroffen wurden, um die Mängel abzustellen. Dies muß jeweils unverzüglich geschehen.

Ein Auditor muß - auch wenn dies schwierig ist - seine Beobachtungen mit Blick auf ein Gesamturteil deuten, selbst dann, wenn zunächst ein Zertifikat gar nicht erwartet worden ist.

Auditoren haben die Aufgabe, Abweichungen vom Soll und Abweichungen gegenüber den Vorgaben festzustellen. Ihre Aufgabe ist es aber keineswegs, Verbesserungsmaßnahmen vorzuschlagen oder gar in die Wege zu leiten. Zuständig für diese Aufgaben sind die Verantwortlichen im Unternehmen.

Die Ergebnisse - positiv und negativ - sollen in einem Abschlußbericht beschrieben werden.

Den Personen, die am Einführungsgespräch teilgenommen haben, haben die Auditoren zum Schluß mündlich ihre Eindrücke bekanntzugeben.

Sind Nachaudits erforderlich, werden entsprechende Termine vereinbart. Auch ist der Zeitpunkt festzulegen, bis zu dem evtl. Korrekturmaßnahmen vom Unternehmen erledigt sein müssen.

2.3.5 Das Zertifikat (4. Vertragsabschnitt)

Üblicherweise wird im Zertifikat bestätigt, daß das vorhandene Qualitätsmanagement-System mit einer bestehenden Norm übereinstimmt. Wenn im Audit wesentliche Abweichungen festgestellt worden sind, müssen diese vor der Erteilung des Zertifikates beseitigt werden.

Bei weniger schwerwiegenden Abweichungen kann das Auditorenteam dem Unternehmen empfehlen, bezüglich der Maßnahmen Auflagen zu machen, die von dem Unternehmen schriftlich bestätigt und selbstverständlich im eigenen Interesse auch durchgeführt werden müssen. In diesem Fall wird das Zertifikat unter dem Vorbehalt erteilt, daß die festgestellten geringfügigen Mängel innerhalb einer bestimmten Frist beseitigt werden.

Gemäß den internationalen Absprachen gelten diese Zertifikate für 3 Jahre, wenn jährlich im Unternehmen Überwachungsaudits mit positivem Ergebnis von der das Zertifikat ausstellenden Institution durchgeführt werden. Solche Überwachungsaudits sind kurzfristiger anzusetzen, von kürzerer Dauer und konzentrieren sich auf die im vorausgegangenen Audit festgestellten Schwachpunkte.

Nach Ablauf der Gültigkeitsdauer des Zertifikats findet ein Wiederholungsaudit statt. Hierbei wird die Wirksamkeit des gesamten Qualitätsmanagement-Systems stichprobenweise überprüft. Die Zertifikataussteller fordern darüber hinaus vom Unternehmen schriftlich die Verpflichtung, wesentliche Veränderungen, die das Qualitätsmanagement-System betreffen, unaufgefordert mitzuteilen.

Der Zertifizierer ist verpflichtet, alle ihm überlassenen Unterlagen entweder zurückzugeben oder die wegen der Rückverfolgung aufbewahrten unter Verschluß zu halten und nur dem mit dem Vorgang unmittelbar Beauftragten zugänglich zu machen. Nach Ablauf oder Nicht-Erneuerung des Zertifikates sind sie in angemessener Frist zu vernichten.

Hinweise:

- Institutionen zur Zertifizierung von Qualitätsmanagement-Systemen (gemäß DIN ISO 45012) werden durch die „Trägergemeinschaft für Akkreditierung GmbH" (TGA) akkreditiert.

- Erklärtes Ziel der Zertifizierungsgesellschaften ist es, im Interesse des Kunden eine Anerkennung der Zertifikate auch im Ausland zu vereinbaren. So besteht eine Vielzahl von Abkommen über die gegenseitige Anerkennung auf internationaler Ebene und zwar teils bilateral, in Europa multilateral: Hier hat sich das „European Network for Quality System Assessment and Certification" (E-Q-NET) konstituiert.

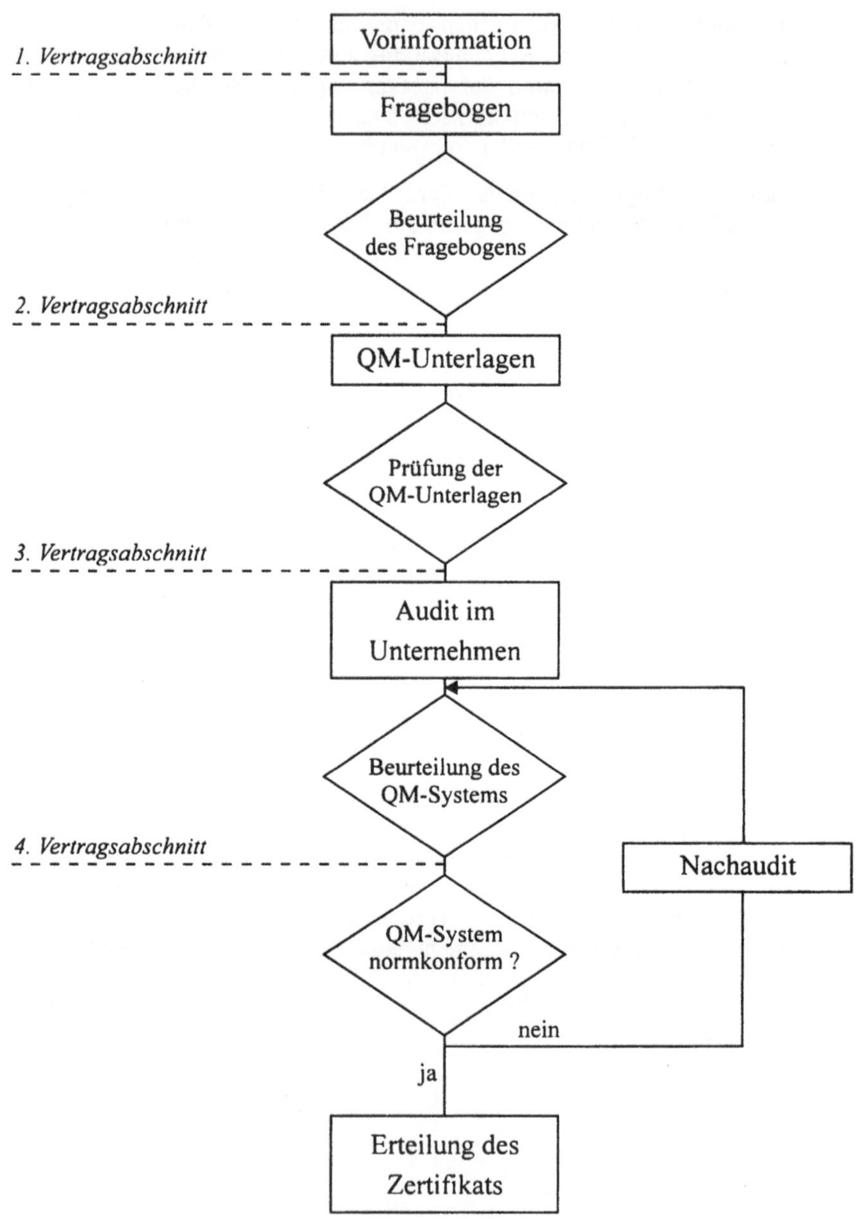

Bild 2.2: Ablauf der Zertifizierung (gemäß DQS)

3 Einführung eines QM-Systems

3.1 Warum brauchen „wir" ein QM-System ?

Diese Frage ist für die Effizienz der weiteren Arbeitsschritte auf dem Weg zur Entwicklung eines geeigneten QM-Systems von entscheidender Bedeutung. Die Unternehmensstrategie bestimmt das QM-System. Das QM-System darf nicht in einem luftleeren Raum ohne Bezug zu den angestrebten Zielen im Markt aufgebaut werden. Erhebliche Änderungen in der Unternehmensstrategie können durchaus die unverzügliche Anpassung des QM-Systems erforderlich machen.

Es gibt heutzutage zwei wesentliche Gruppen von Beweggründen, die die Entscheidung zur Entwicklung eines QM-Systems forcieren können:

1. Der Druck des Marktes und der Kunden. Um als Lieferant von großen Konzernen überhaupt in Frage zu kommen, muß ein implementiertes QM-System nachgewiesen werden können.

2. Die Werbung mit dem Image von Qualität und Qualitätssicherung ist gewaltig auf dem Vormarsch. Viele Unternehmen können es sich gar nicht mehr leisten, auf diesem Gebiet den Eindruck von Passivität zu erwecken. Diese Tendenz verstärkt sich seit der endgültigen Etablierung des gemeinsamen Marktes zunehmend.

Der Druck des Marktes kommt meist von Kunden, die selbst ein QM-System implementiert haben und damit die Verpflichtung eingegangen sind, das Qualitätsbewußtsein der eigenen Lieferanten zu überprüfen. Ein zertifiziertes QM-System beim Lieferanten kann dann viele Audits durch den Kunden einsparen. Eine Garantie, daß der Kunde dann künftig auf solche Lieferantenbeurteilungen verzichtet, ist dies allerdings noch nicht. Doch schon aus Praktikabilitätsgründen werden sich die Vorteile eines international einheitlichen Standards von QM-Systemen durchsetzen.

Grundsätzlich ist das einfachste QM-System das beste! Das gilt in jedem Fall. Die Anforderungen der Kunden bzw. des Marktes sind zu erfüllen, mehr nicht! Es ist jedoch ratsam, die sich im Markt abzeichnenden Tendenzen mit zu berücksichtigen. Die DIN EN ISO 9000-Richtlinien sollten immer eingehalten werden. Die Einbeziehung von Anfang an ist immer kostengünstiger als eine spätere Modifikation.

Die Weiterentwicklung der Europäischen Gemeinschaft führt dazu, daß immer mehr eine Zertifizierung durch eine unabhängige Organisation gefordert wird. Sicherlich verursacht dies zusätzliche, periodisch wiederkehrende Kosten, aber wenn dadurch ein erheblicher Wettbewerbsnachteil vermieden werden kann, liegt die Entscheidung meist auf der Hand.

Oft geht die Entscheidung für die Entwicklung eines QM-Systems Hand in Hand mit dem Einstieg des Unternehmens in ein übergreifendes TQM-Konzept. Dann ist das QM-System aber auch nicht mehr und nicht weniger als ein möglicher Einstieg. Es bietet sich häufig an, über die Entwicklung und Implementierung eines guten QM-Systems die ersten Gehversuche in Richtung eines gesamtheitlichen TQM-Konzeptes zu unternehmen. Dann muß es aber richtig angefaßt werden. Denn DIN EN ISO 9000-Systeme sind nicht ungefährlich. Ein formales QM-System kann unter Umständen sogar innovationshemmend sein und Mitarbeiter zu einem trägeren Bürokratismus verleiten, der einer kontinuierlichen Verbesserung entscheidend im Wege steht. Es ist deshalb besonders in der Anfangsphase die vorrangige Aufgabe des Managements, den Qualitätsprozeß ständig im Auge zu behalten und rechtzeitig gegenzusteuern.

Bürokratismus und Formalismus sind, wo immer es möglich ist, zu vermeiden! Festgeschriebene Prozeduren sollten auf die Bereiche und Tätigkeiten beschränkt sein, die wesentlich zur Sicherstellung der gewünschten Qualität beitragen. Für eine Umgebung, die kontinuierliche Qualitätsverbesserung fördern will, brauchen die Mitarbeiter Motivation und Handlungsspielraum. Die Notwendigkeit der vorgeschriebenen Prozeduren muß akzeptiert und auch jedem erklärt werden. Die unvermeidliche, ausführliche Dokumentation bringt ohnehin ein gewisses Maß an Bürokratie mit sich, die am Anfang meist mit Skepsis aufgenommen wird. Ohne eingehende Überzeugungsarbeit können die Mitarbeiter im allgemeinen nicht zur uneingeschränkten Mitarbeit bewegt werden. Das ist aber unabdingbare Voraussetzung für den Erfolg von QM-Systemen als Einstieg in ein komplexeres Quality Management.

Es ist leicht verständlich, daß die Ausarbeitungen der Prozeduren unter diesen Voraussetzungen erheblich mehr Aufwand und Aufmerksamkeit in Anspruch nehmen als die bloße Erfüllung der Marktanforderung „QM-System". Jetzt muß die gesamte Organisation mithelfen und sich damit identifizieren. Die entscheidende Voraussetzung ist, daß der Qualitätsgedanke übergreifend in allen Unternehmensbereichen sichtbar wird. Jede Abteilung und jeder Mitarbeiter muß systematisch umdenken und umlernen. Nur begeistertes Erkennen, Analysieren und Ausmerzen von Schwachstellen bringt letzten Endes die kontinuierliche Verbesserung der Qualität und die enormen Effizienzverbesserungen und Kostenreduzierungen.

3.2   Gründe für die Einführung eines QM-Systems

Die Gründe für die Einführung eines Qualitätsmanagement-Systems können recht vielfältig sein. In erster Linie sind hier die ständig gestiegenen Anforderungen der Auftraggeber zu nennen, die durch ein höheres Qualitätsbewußtsein des Verbrauchers bedingt sind. Für das Erstellen von Produkten und Dienstleistungen haben in den vergangenen Jahren die qualitativen Aspekte ständig an Bedeutung gewonnen. Die Ursachen dafür liegen im Umfeld der Unternehmen und im innerbetrieblichen Bereich. So wächst zum Beispiel durch die Qualität ausländischer Produkte und die zunehmende Internationalisierung der Märkte der Wettbewerb. Zudem haben sich die rechtlichen Rahmenbedingungen durch das am 1. Januar 1990 in Kraft getretene Produkthaftungs-gesetz für die Unternehmen verschärft: Wird ein Kunde durch ein Produkt geschädigt, muß dieser dem Hersteller nicht mehr Vorsatz oder Fahrlässigkeit nachweisen. Vielmehr muß der Hersteller beweisen, daß das von ihm hergestellte Produkt fehlerfrei war.

Auch innerhalb des Unternehmens hat das Kostenbewußtsein zu Veränderungen im Bereich des Qualitätsmanagements bzw. der Qualitätssicherung geführt. Heutzutage konzentrieren sich die Qualitätskonzepte auf die innerbetriebliche Leistungserstellung. Es gilt, Fehler bereits in der Produktentstehungsphase zu verhindern, um somit Fehlerkosten senken zu können. Dabei ist zu beachten, daß die Kosten für die Beseitigung eines Fehlers umso höher ausfallen, je früher er im Laufe des Produktent-stehungsprozesses verursacht und je später er entdeckt wird.

Auf diese Entwicklung im Bereich des Qualitätswesens haben viele Unternehmen mit der Einführung eines Qualitätsmanagement-Systems nach DIN EN ISO 9000 reagiert bzw. arbeiten daran. Sie haben sich damit im europäischen Maßstab das Ziel gesetzt, ihre Organisation in die Lage zu versetzen, eine solche Qualität des erzeugten Produktes zu erreichen und aufrecht zu erhalten, daß die festgelegten oder vorausgesetzten Erfordernisse des Auftraggebers stets erfüllt werden.

Die Gründe, die für ein Unternehmen ausschlaggebend sind, ein Qualitätsmanagement-System nach DIN EN ISO 9000 einzuführen, sind also in allererster Linie die (erwarteten und aktuellen) Kundenanforderungen, gefolgt von der Erwartung, durch die Einführung eines Qualitätsmanagement-Systems die eigenen Marktchancen bzw. die eigene Marktposition verbessern zu können. Des weiteren kommen noch die unterneh-mensinternen Forderungen in Betracht, wie z.B. die Erhöhung der Wirtschaftlichkeit, die Verbesserung des Qualitätsimages und dadurch eine bessere Wettbewerbsfähigkeit, auch im Rahmen des europäischen Binnenmarktes.

Letztendlich kann die Existenz eines Unternehmens davon abhängen, ob es ein zertifiziertes QM-System vorweisen kann oder nicht, da immer mehr Großunternehmen dazu übergehen, diese Tatsache als Grundbedingung für die Auftragsvergabe zu stellen.

Die Vermeidung von Mehrfachaudits durch andere Unternehmen sowie die Veränderung der gesetzlichen Bestimmungen im Bereich der Produkthaftung haben in aller Regel gegenüber den anderen Kriterien eine relativ geringe Bedeutung.

Die vorrangige Zielsetzung beim Aufbau eines Qualitätsmanagement-Systems ist der Kostenaspekt (Reduzierung von Fehlerfolgekosten). Als zweitwichtigstes Ziel kann die Erhöhung der Kundenzufriedenheit genannt werden, gefolgt von der Erhaltung des Qualitätsimages, der Verbesserung der Gebrauchstauglichkeit und der Zuverlässigkeit der Produkte sowie der Verbesserung der Termintreue, des Service und Kundendienstes. Die Begrenzung des Risikos aus Garantie und Produkthaftpflicht spielt in aller Regel eine relativ geringe Rolle.

Ein normkonformes und zertifiziertes QM-System soll folgende **Vorteile** bringen:

- Schaffung von Transparenz innerhalb der Organisation des Unternehmens

- Optimierung der generellen Abläufe im Unternehmen

- Optimierung der festgelegten Verfahren durch gezielte Fehleranalysen

- Beherrschung der Prozesse (Erhöhung der Prozeßfähigkeit)

- Minimierung der Durchlaufzeiten, dadurch Steigerung der Produktivität

- Erhaltung des Know-hows bei Personalwechsel durch durchgängige Dokumentation

- klare Zuständigkeits- sowie Verantwortlichkeitsabgrenzungen und -zuweisungen

- Förderung des Qualitätsbewußtsein bei den Mitarbeitern, dadurch Erhöhung der Motivation

- Verbesserung des Informationsflusses innerhalb des Unternehmens

- bessere, ausgereifte, fehlerfreie Produkte

- bessere Konkurrenzfähigkeit

- positiver Marketing- und Werbeeffekt

- Begrenzung der Kundenaudit-Häufigkeit

- internationale Anerkennung des Zertifikates

- Nachweis der Sorgfaltspflicht des Unternehmens bei Haftungsfragen

- Grundlage für die Einführung eines unternehmensweiten und kontinuierlichen Qualitätsverbesserungsprogramms

Die positive Darstellung der Produktqualität am Markt führt meist auch zu einem erhöhten Auftragseingang. Ein weiterer Nutzen entsteht im Schaffen eines höheren Vertrauens bei Abnehmern, aber auch bei Lieferanten, wenn dadurch engere Geschäftsbeziehungen entstehen.

Es soll hier jedoch darauf hingewiesen werden, daß vielen Kunden die durch die Zertifizierung bestätigte Qualitätsfähigkeit des Lieferanten nicht ausreicht.

Schließlich gibt das Zertifikat nur einen Hinweis dafür, daß das Unternehmen in der Lage ist, die Erfordernisse seiner Kunden zu erfüllen. Eine Aussage über die Qualität der erstellten Leistung gibt das Zertifikat nicht.

Eine hohe Qualität kann am besten dadurch erreicht werden, daß jeder Mitarbeiter seine Bedeutung für die Qualität des Endproduktes kennt.

3.3 Planung und Vorbereitung eines QM-Systems

Nach der Entscheidung zur Entwicklung eines QM-Systems gilt es zu definieren, was Qualität für die Organisation bedeutet und wie eine künftige Qualitätspolitik aussehen soll. Die Qualitätspolitik muß jedem Mitarbeiter im Unternehmen klar gemacht werden. Sie muß zu einer Art Glaubensbekenntnis für jedermann formuliert werden. Schon an der Formulierung kann man die Glaubwürdigkeit und Ernsthaftigkeit eines QM-Systems erkennen. Eine Qualitätspolitik darf keine seitenlange Abhandlung werden. Sie soll kurz und knapp die Einstellung des Unternehmens zur Qualität widerspiegeln und den eigenen Mitarbeitern stets gegenwärtig sein. Oft genügt schon ein Satz, der als Motto zu einer neuen Denkweise führen kann. Ein gutes Motto kann zur Einführung in eine neue Unternehmenskultur - intern wie auch extern - sehr wichtig sein.

Zunächst ist es jedoch sehr entscheidend, die Erwartungen der Kunden genau zu verstehen. Andererseits gehört es zu einer „guten" Qualität, auch nein sagen zu können, wenn die Erwartungen der Kunden nicht mit den Möglichkeiten des Lieferanten (des Unternehmens) in Einklang zu bringen sind.

Der Qualitätsgedanke muß den Mitarbeitern ständig vor Augen geführt werden. Ein gutes Qualitätslogo, interne Mitteilungen der Qualitätssicherung als Veröffentlichungen am „Schwarzen Brett", eine Qualitätsbroschüre oder andere begleitende Maßnahmen sind schon in der Entwicklungsphase eines Qualitätsmanagement-Systems enorm wichtig. Der Erfolg eines QM-Systems steht und fällt mit der Akzeptanz durch die Mitarbeiter. Alles was dazu beiträgt, daß der Qualitätsgedanke ständig präsent ist, ist wünschenswert. Die Glaubwürdigkeit der Qualitätsphilosophie muß immer praktisch unter Beweis gestellt werden, vor allem von der Führungsebene. Qualitätsbewußtsein will kompromißlos vorgelebt sein.

Man wird - intern wie auch extern - an der eigenen Zielsetzung gemessen. Jeder Mitarbeiter muß spüren, daß die Qualitätsphilosophie von allen, aber ganz besonders von der Geschäftsleitung, mit Leben erfüllt wird.

Nach der Definition der Qualitätspolitik sollte festgelegt werden, welche Bereiche das QM-System notwendigerweise - und sinnvollerweise - umfassen soll. Wichtig sind dabei diejenigen Tätigkeiten, die für die Qualität der Produkte und der Dienstleistungen von ausschlaggebender Bedeutung sind. Sehr wichtig sind im allgemeinen die Berührungspunkte mit Lieferanten und Kunden. Parallel mit der Definition des Geltungsbereiches für ein QM-System entscheidet sich dann die erforderliche Nachweisstufe DIN EN ISO 9001, DIN EN ISO 9002 oder DIN EN ISO 9003 meist zwangsläufig.

Nun haben QM-Systeme nach DIN EN ISO 9000 ff. aber den erheblichen Nachteil, daß sie auf den ersten und manchmal auch auf den zweiten Blick sehr formalistisch und bürokratisch wirken. Sie werden oft als Einschränkung der persönlichen Entscheidungsfreiheit und als unnötige zusätzliche Vorschrift empfunden. Hier kann nur eine intensive Schulung helfen. Beim Mitarbeiter sollte Verständnis geweckt werden für das, was in der nächsten Zeit auf ihn zukommt. Ein Grundlagentraining vor der Einführung ist unerläßlich, wobei ein Training durch eigene Mitarbeiter sehr effektiv sein kann, da interne Kenntnisse der Organisation und die Möglichkeit der Einbeziehung konkreter Tagesprobleme das vielleicht nicht so ganz detaillierte Fachwissen aufwiegen können.

Die Entwicklung eines QM-Systems sollte möglichst ohne nachhaltige Beeinträchtigung des Tagesgeschäftes ablaufen. Kleine Organisationen sollten sich noch mehr - als ohnehin grundsätzlich angebracht - auf die unbedingt erforderlichen Komponenten eines QM-Systems beschränken. Kontinuierliche Qualitätsverbesserung kann man mit der richtigen Einstellung auch unabhängig davon im täglichen Arbeitsablauf erreichen. QM-Handbücher gewaltigen Ausmaßes können durchaus den Qualitätsgedanken in Mißkredit bringen.

Zu einer der schwierigsten Aufgaben gehört die Schaffung des nötigen Qualitätsbewußtseins bei den Mitarbeitern, also die Motivation, Qualitätsarbeit zu leisten. Auf der anderen Seite ist nichts so wichtig wie die Sichtbarmachung von Erfolgen, und seien sie noch so klein.

Die erreichten Verbesserungen müssen ständig im Bewußtsein aller Mitarbeiter gehalten werden!

An erzielten Verbesserungen und Einsparungen sollten alle beteiligten Mitarbeiter teilhaben!

3.4 Anforderungen an ein QM-System nach DIN EN ISO 9001

Da die DIN EN ISO 9001 die umfangreichste Nachweisstufe zur Darlegung eines QM-Systems darstellt, soll sie den weiteren Ausführungen zugrunde gelegt werden. Sie legt die Forderungen an ein Qualitätsmanagement-System fest. Diese sind in 20 Elemente unterteilt, die anschließend kurz erläutert werden sollen. Die beiden Normen DIN EN ISO 9002 und 9003 stellen abgeschwächte Forderungen, indem sie auf die Darlegung einzelner QM-Elemente verzichten. In Form von Vermerken wird jeweils darauf hingewiesen, wenn ein QM-Element bezüglich einer Norm nicht relevant ist (siehe auch Tab. 2.1).

1. Verantwortung der Leitung

Mit diesem Element wird in erster Linie bezweckt, daß die Verantwortungen innerhalb des QM-Systems festgelegt werden. Dazu muß die Organisationsstruktur mit Zuständigkeiten, Verantwortungen und Befugnissen festgelegt werden. Zunächst wird jedoch die Formulierung einer Qualitätspolitik gefordert.

* Qualitätspolitik:

In der Qualitätspolitik sind die Grundsatzentscheidungen und Zielsetzungen der Unternehmensleitung aufzuführen, um der Qualität als bedeutsamem Erfolgsparameter den notwendigen Stellenwert zu verschaffen. Die Qualitätspolitik ist so zu formulieren, daß sie von allen Mitarbeitern des Unternehmens verstanden wird. Sie ist top-down bekanntzugeben, zu verwirklichen und vor allem durch die Führungskräfte vorzuleben.

* Organisation:

Die Aufbau- und Ablauforganisation des Unternehmens ist in Form von Organigrammen festzulegen und im QM-Handbuch zu dokumentieren. Die Aufgaben, Verantwortungen, Befugnisse sowie die gegenseitigen Beziehungen aller Mitarbeiter, die qualitätsrelevante Tätigkeiten ausüben, sind festzulegen. Hierzu bietet sich einerseits die Erarbeitung einer Verantwortungsmatrix für jedes Element des QM-Systems an. Andererseits können Stellenbeschreibungen formuliert werden.

Die Bereitstellung ausreichender und geeigneter Mittel, die für die Verwirklichung der Qualitätspolitik erforderlich sind, muß gesichert sein. Es muß ausreichend qualifiziertes Personal zur Verfügung stehen, um die Elemente des QM-Systems aufrechtzuerhalten. Weiterhin muß ein Qualitätsbeauftragter (QB) ernannt werden, der letztendlich für das QM-System verantwortlich ist.

* QM-Bewertung:

Das QM-System muß durch die Unternehmensleitung regelmäßig auf die Erfüllung der Normforderungen überprüft werden, um dessen Wirksamkeit sicherzustellen. Dazu können die Ergebnisse interner Audits und die Aufzeichnungen der Qualitätsberichterstattung hinzugezogen werden.

2. Qualitätsmanagement-System

Das QM-System ist vollständig, also mit allen 20 Elementen der Norm festzulegen und in einem QM-Handbuch zu dokumentieren. Weiterhin sind Verfahrensanweisungen und an zweckmäßigen Stellen Arbeits- und Prüfanweisungen zu erstellen.

In den Verfahrensanweisungen werden sämtliche Abläufe, Zuständigkeiten und Anweisungen zur Realisierung des Qualitätsmanagements in den einzelnen Funktionsbereichen umfassend beschrieben.

Die Arbeits- und Prüfanweisungen liefern den Mitarbeitern, funktionsgerecht in Abhängigkeit von ihrer Aufgabe, die detaillierten Angaben für die Durchführung ihrer Tätigkeit im Rahmen der täglichen Praxis.

Im Rahmen des QM-Systems muß eine zweckmäßige Qualitätsplanung betrieben werden, um die Erfüllung der Qualitätsforderungen an Produkte zu gewährleisten.

3. Vertragsprüfung

Das Ziel der Vertragsüberprüfung ist, daß die Fertigung eines Produktes bzw. die Erstellung einer Dienstleistung so zu erfolgen hat, wie es der Auftraggeber bestellt hat. Dazu gehört, daß der Hersteller bzw. Lieferant den Auftrag vollständig verstanden hat, d.h. eine Übereinstimmung von Angebot und Nachfrage besteht. Hier muß sichergestellt werden, daß die Anforderungen an ein Produkt eindeutig festgelegt und dokumentiert werden. Zu diesem Zweck bietet sich die Erstellung einer Checkliste auf der Basis eines Pflichtenheftes an.

Im Rahmen der Vertragsüberprüfung muß auch die Machbarkeit der technischen Aufgabenstellung geklärt werden, d.h. es muß festgestellt werden, ob der Lieferant die Fähigkeit zur Erfüllung der Vertragsforderungen besitzt. In diesem Zusammenhang müssen die Schnittstellen zwischen den einzelnen Unternehmensfunktionen zur Vertragsüberprüfung koordiniert werden.

Weiterhin sind die Vorgehensweise bei einer eventuellen Vertragsänderung sowie die Auswirkungen bei Nichterfüllung der Vertragsbedingungen festzulegen.

4. Designlenkung

(Anmerkung: nicht Bestandteil der Normen DIN EN ISO 9002 und 9003)

Hier soll der grundsätzliche Designablauf derart festgelegt werden, daß er sämtliche Designtätigkeiten im Unternehmen abdeckt, mit dem Zweck, die Entwurfsqualität sicherzustellen. Dabei ist das Ziel, auf Anhieb anforderungsgerechte Produkte zu erzeugen und Fehler von vornherein zu vermeiden, um kürzere Entwicklungszeiten und geringere Entwicklungskosten zu erreichen.

* Design- und Entwicklungsplanung:

Für die einzelnen Entwicklungsvorhaben müssen basierend auf dem grundsätzlichen Ablauf, Entwicklungspläne erstellt werden, um alle Entwicklungs- und Überprüfungstätigkeiten zu regeln und die Zuständigkeiten festzulegen. Weiterhin wird gefordert, daß diese Aufgaben durch entsprechend qualifiziertes Personal, das mit angemessenen Mitteln ausgerüstet ist, wahrgenommen werden.

Die zur Entwicklung von Produkten erforderlichen organisatorischen und technischen Schnittstellen sowie der Informationsaustausch innerhalb des Unternehmens - falls notwendig mit Unterlieferanten - müssen festgelegt werden.

* Designvorgaben:

Um eine klare Aufgabenstellung für die zielorientierte Entwicklungstätigkeit zu erhalten, müssen die produktbezogenen Forderungen festgestellt und auf Angemessenheit überprüft werden. Unklare Forderungen müssen mit den entsprechenden Stellen näher erörtert werden, wobei die Ergebnisse der Vertragsüberprüfung zu berücksichtigen sind.

Zur Dokumentation der Anforderungen aus der Sicht des Marktes dient das Lastenheft. Die Designvorgaben sind dagegen grundsätzlich im Pflichtenheft festzuhalten. Das Pflichtenheft enthält eine detaillierte und strukturierte Beschreibung aller Eigenschaften, die das Produkt haben sollte.

* Designergebnis:

Zur Beurteilung der Designergebnisse müssen im Pflichtenheft entsprechende Annahmekriterien aufgeführt werden, um sicherzustellen, daß das Designergebnis die Forderungen der Designvorgaben, der gesetzlichen Vorschriften, der Sicherheit und der Funktionsfähigkeit erfüllt.

* Designverifizierung / Designvalidierung:

Es ist ein sog. Design-Review durchzuführen, um die Designergebnisse anhand von bestimmten Kriterien zu überprüfen. Dazu kann man z.B. alternative Berechnungen und Vergleiche mit ähnlichen Entwicklungen durchführen.

* Designänderungen

Es ist eine Vorgehensweise festzulegen, die den Ablauf bei einer Designänderung regelt. Dabei ist die Änderung sämtlicher mitgeltenden Unterlagen zu berücksichtigen und die Vertragsüberprüfung erneut durchzuführen. Natürlich muß auch die Realisierbarkeit der geänderten Entwicklung überprüft werden. Das Änderungswesen muß eine entsprechende Dokumentation mit einschließen.

5. Lenkung der Dokumente und Daten

Die Lenkung der Dokumente und Daten soll so geregelt werden, daß jederzeit und überall im Unternehmen die richtigen und gültigen Unterlagen bereitgestellt werden können.

* Genehmigung und Herausgabe von Dokumenten und Daten:

Zunächst müssen alle qualitätsrelevanten Dokumente ermittelt werden, die für die Funktion des QM-Systems bzw. für die Erfüllung der Norm erforderlich sind. Dazu gehören das QM-Handbuch, die Verfahrensanweisungen, die Arbeits- und Prüfanweisungen, eventuell vorhandene Checklisten, Dokumente mit allgemeinem Charakter (z.B. ständige Weisungen, interne Normen, Organisations-Handbuch), Dokumente für die Bestell- und Auftragsabwicklung (z.B. Bestellungen, Aufträge, Zeichnungen, Spezifikationen) und Dokumente für die Projektabwicklung (z.B. Pflichtenheft, Projektplanung).

Es muß festgelegt werden, wer zuständig ist für das Erstellen, Prüfen, Genehmigen, Einführen und das Pflegen der Dokumente. Die Verteilung der Dokumente an die entsprechenden Stellen muß geregelt werden. Es muß sichergestellt werden, daß veraltete und überholte Dokumente entfernt werden.

* Änderungen von Dokumenten und Daten:

Es muß ein Änderungsverfahren eingeführt werden, das die Durchführung und Dokumentation der Änderung derart regelt, daß die Verteilung der geänderten, sowie der Rückzug der ungültigen Dokumente eingeschlossen ist.

Weiterhin muß der aktuelle Änderungsstand der Dokumente erkennbar sein und die Anzahl der möglichen Änderungen bis zur Ausgabe eines neuen Dokuments festgelegt werden.

6. Beschaffung

(Anmerkung: nicht Bestandteil der Norm DIN EN ISO 9003)

Mit dem Ziel die Qualität von Zulieferungen sicherzustellen, ist die Planung, Lenkung und Überwachung sämtlicher Tätigkeiten bei der Beschaffung von Produkten und Dienstleistungen zu regeln, um die Erfüllung der festgelegten Qualitätsforderungen zu gewährleisten. Dazu gehört die Aufrechterhaltung des Informationsaustausches zwischen Einkäufern und Unterlieferanten und eine festgelegte Vorgehensweise zur Beseitigung von eventuellen Streitigkeiten.

* Beurteilung von Unterauftragnehmern:

Es muß festgestellt werden, ob der Unterlieferant die Fähigkeit besitzt anforderungsgerechte Produkte zu liefern. Zu diesem Zweck ist ein Verfahren zur ersten Beurteilung und laufenden Bewertung von Unterlieferanten einzuführen.

* Beschaffungsangaben:

Die Beschaffungsunterlagen müssen das bestellte Produkt eindeutig beschreiben bzw. klassifizieren. Sie enthalten Angaben bezüglich Produktbezeichnung, Produktanforderungen (z.B. in Form von Zeichnungen, Spezifikationen, technischen Daten oder eines Pflichtenhefts) und der Qualitätssicherung, die bei dem Produkt angewendet werden soll.

* Prüfung von beschafften Produkten:

Die Methode zur Überprüfung der beschafften Produkte an der Bezugsquelle oder bei Wareneingang ist vertraglich zu vereinbaren. Trotz dieser Überprüfung durch den Auftraggeber ist sicherzustellen, daß der Unterlieferant ausreichend Maßnahmen trifft, um jederzeit qualitativ hochwertige Produkte herzustellen, da das Ziel sein sollte, derartige Überprüfungen überflüssig zu machen.

7. Lenkung der vom Kunden beigestellten Produkte

Die Behandlung der Produkte, die dem Lieferanten vom Auftraggeber zur Verfügung, also beigestellt werden, ist so zu regeln, daß deren Qualität jederzeit sichergestellt werden kann.

8. Identifikation und Rückverfolgbarkeit von Produkten

Dieser Punkt ist auch mit dem Hintergrund der Produkthaftung wichtig. Das Ziel ist die Vermeidung von Verwechslungen und Untermischungen durch Abgrenzung bestimmter Teilmengen von Gütern, um im weiteren Verlauf größere Schäden und hohe Kosten zu vermeiden und nachträgliche Klärungen zu ermöglichen. Dazu bedarf es einer eindeutigen Zuordnung von Produkten zu technischen Unterlagen zu jedem Zeitpunkt während der Bearbeitung und Lagerung durch eine unverwechselbare Kennzeichnung. Der Aspekt der Rückverfolgbarkeit fordert, daß die Herkunft von Produkten durch eine zweckmäßige Kennzeichnung erkennbar ist.

9. Prozeßlenkung

(Anmerkung: nicht Bestandteil der Norm DIN EN ISO 9003)

* Allgemeines:

Die Prozeßlenkung soll die Fertigungsqualität in Produktion und Montage sichern. Dazu muß die Fertigung mit Hilfe von schriftlichen Verfahrensanweisungen sorgfältig geplant und anschließend überwacht und gelenkt werden. Wo es erforderlich ist, müssen Arbeitsanweisungen erstellt werden.

Das Ziel ist die Sicherung der Qualitätsfähigkeit durch eine beherrschte Fertigung. Dazu gehören qualitätsfähige Mitarbeiter, Fertigungseinrichtungen (Maschinen, Anlagen), Fertigungsabläufe (Verfahren, Prozesse), Materialien und geeignete Arbeits- und Umgebungsbedingungen.

Dabei sollte die Fertigung eigenverantwortlich für die erforderliche Qualität sein, d.h. es sollte vorwiegend Selbstprüfung erfolgen. Weiterhin sollte die Qualitätsüberwachung und -lenkung anhand geeigneter Prozeß- und Produktmerkmale während Produktion und Montage, d.h. begleitend erfolgen (SPC).

* Spezielle Prozesse:

"Spezielle Prozesse sind Prozesse, deren Ergebnisse durch nachträgliche Qualitätsprüfungen am Produkt nicht in vollem Umfang verifiziert werden können, so daß z.B. Fehler im Prozeß erst erkennbar werden, nachdem das Produkt in Betrieb genommen wurde" /DIN/.

Daraus folgt, daß spezielle Prozesse einer ständigen Überwachung bedürfen und einen besonderen Nachweis der Erfüllung vorgegebener Forderungen benötigen. Die Qualifikation spezieller Produktionsverfahren muß in gesonderten Aufzeichnungen schriftlich festgelegt werden und es müssen Verfahrensanweisungen existieren.

10. Prüfungen

Die Prüfungen dienen zum Nachweis der Erfüllung vorgegebener Forderungen. Hierbei wird unterschieden in Eingangs-, Zwischen- und Endprüfung. Dabei sollte der Grundsatz sein, daß Qualität erzeugt und nicht erprüft werden soll, was bedeutet, daß beim Auftreten von Abweichungen sofort geeignete Korrekturmaßnahmen eingeleitet werden müssen.

Dazu bedarf es einer sorgfältigen Prüfplanung, bei der die richtigen Prüfmerkmale und Prüfmethoden, die Prüfbedingungen sowie die geeigneten Prüfmittel festgelegt werden. Weiterhin muß in Form von Prüfberichten eine ordnungsgemäße Aufzeichnung der Prüfergebnisse erfolgen.

* Eingangsprüfung:

Die Eingangsprüfungen sollen sicherstellen, daß nur geprüfte und danach freigegebene Zulieferungen eingelagert, verwendet oder verarbeitet werden. Dabei sollten die beim Unterlieferanten durchgeführten Überwachungen und vorhandenen Qualitätsnachweise berücksichtigt werden, um einen unnötigen Aufwand zu vermeiden.

Das erstrebenswerte Ziel ist die Beschränkung auf die Prüfung am Herstellungsort, sprich die Ausgangsprüfung beim Hersteller, also die Verlagerung der Verantwortung auf den Lieferanten, so daß sich die Eingangsprüfung auf eine reine Identitätsprüfung beschränkt.

* Zwischenprüfung:

Die Zwischenprüfungen dienen zur Überprüfung der Produkte entsprechend einer Verfahrensanweisung und zur Identifikation von fehlerhaften Produkten. Dabei sollte Selbstprüfung durch das Fertigungspersonal angestrebt werden.

Fertigungsbegleitend ist die Durchführung von Prozeßüberwachung und Prozeßlenkung zur Eliminierung von Fehlern und zur Qualitätsnachweisführung zu gewährleisten. Besondere Aufmerksamkeit ist dem Einrichten der Fertigungsmaschinen zu schenken, da die Wiederholpräzision des Einrichtens entscheidenden Einfluß auf die Qualitätsfähigkeit des Prozesses und somit auf die Ausschußquote hat.

* Endprüfung:

Die Endprüfungen sollen sicherstellen, daß keine fehlerhaften Produkte eingelagert oder ausgeliefert werden. Dabei muß beachtet werden, daß alle festgelegten Tätigkeiten bis zu diesem Zeitpunkt abgeschlossen sind. Die Endprüfung ist in dem Maße zu reduzieren, in dem durch alle vorgelagerten Maßnahmen eine Erfüllung der Qualitätsforderung gewährleistet wird.

* Prüfaufzeichnungen:

Die Prüfergebnisse sind systematisch zu dokumentieren. Dies geschieht in Prüfaufzeichnungen, die beweisen, daß das Produkt die Qualitätsprüfungen bezüglich festgelegter Annahmekriterien bestanden hat.

11. Prüfmittelüberwachung

Dieser Punkt soll die Beschaffung, Verwaltung, Überwachung, Instandhaltung und Einstellung/Kalibrierung der Prüfmittel sowie die Auswahl für den Einsatz in der Fertigung regeln.

Im Rahmen der Prüfmittelplanung ist zunächst der Bedarf an Prüfmitteln festzustellen, der für die Qualitätssicherung erforderlich ist. Die Meßunsicherheit der Geräte muß bekannt sein, um die Fähigkeit der Prüfmittel zur Messung der festgelegten Genauigkeit festzustellen. Die Eignung und Verfügbarkeit der Prüfmittel muß jederzeit sichergestellt sein.

Eine Vorgehensweise zur Prüfmittelüberwachung ist einzuführen. Sie muß die regelmäßige Kalibrierung aller Prüfmittel, entweder in vorgegebenen Intervallen oder vor ihrem Einsatz, gewährleisten. Dazu sind entsprechende Verfahrensanweisungen zu erstellen und eine zweckmäßige Dokumentation aufrechtzuerhalten.

Die Prüfmittel müssen zum Nachweis des Kalibrierstatus gekennzeichnet sein. Diese Kennzeichnung sollte das letzte Freigabedatum und den nächsten Überwachungstermin aufzeigen.

Bezüglich des Prüfmitteleinsatzes wird eine angemessene Handhabung und ausreichender Schutz vor Beschädigungen gefordert, um die Gebrauchsfähigkeit und Genauigkeit nicht zu beeinträchtigen. Dies gilt gleichermaßen für die Lagerung.

12. Prüfstatus

Hierbei wird gefordert, daß der Prüfzustand der Teile/Produkte während und zwischen der Bearbeitung, sowie bei der Lagerung zu erkennen ist, um zu verhindern, daß ungeprüfte Teile/Produkte in den folgenden Fertigungsschritt gelangen.

Dazu ist der Prüfstatus durch Kennzeichnung der Teile/Produkte während des gesamten Entstehungsprozesses aufzuzeigen, so daß erkennbar ist, ob alle bis zur jeweiligen Bearbeitungsstufe erforderlichen Prüfungen durchgeführt worden sind. Die Kennzeichnung muß eindeutig anzeigen, ob die Teile/Produkte zur Weiterverarbeitung freigegeben sind oder nicht. Zur Kennzeichnung dienen z.B. Markierungen, Anhänger, Etiketten, Begleitkarten und Prüfaufzeichnungen.

13. Lenkung fehlerhafter Produkte

* Allgemeines:

Der Grundsatz jedes wirkungsvollen Qualitätsmanagement-Systems sollte natürlich sein, fehlerhafte Produkte erst gar nicht entstehen zu lassen. Da dies jedoch, bedingt durch viele Einflußgrößen, nicht garantiert werden kann, müssen in einem QM-System Mittel und Maßnahmen zur Entdeckung fehlerhafter Produkte vorgesehen werden.

Dies geschieht mit dem Ziel, die versehentliche Benutzung/Montage fehlerhafter Produkte zu verhindern. Dazu gehört, daß die weitere Behandlung solcher Teile geregelt wird, wobei eine eindeutige Kennzeichnung und Absonderung wichtig ist, um fehlerhafte von fehlerfreien Teilen unterscheiden zu können.

Im Rahmen eines zweckmäßigen Fehlermeldesystems müssen die zuständigen Stellen informiert werden, damit einerseits Sofortmaßnahmen zur Beseitigung der Fehler und andererseits Maßnahmen zur Beseitigung der Fehlerursachen getroffen werden, um Wiederholungen zu verhindern.

* Bewertung und Behandlung fehlerhafter Produkte:

Es muß festgelegt werden, wer die Verantwortung für die Verfügung über fehlerhafte Produkte trägt. Die Entscheidung über die weitere Behandlung sollte im Team anhand von Verfahrensanweisungen erfolgen. Weiterbehandlungsmöglichkeiten wären z.B. Nacharbeit, Sonderfreigabe, Neueinstufung für andere Verwendungen oder die Erklärung als Ausschuß. Sollten Produkte repariert oder nachgearbeitet werden, so ist eine Wiederholungsprüfung durchzuführen.

14. Korrektur- und Vorbeugungsmaßnahmen

Korrekturmaßnahmen sollen lenken und verhüten, d.h. einerseits sämtliche Tätigkeiten in den gewünschten Bahnen halten, um die Qualitätsforderung zielgerecht zu erfüllen, und andererseits Wiederholungen vermeiden, indem die Ursachen vorhandener Abweichungen ermittelt und beseitigt werden.

Hierzu bedarf es eines Fehlermeldesystems, das systematische Analysen unterstützt. Mögliche Hilfsmittel wären z.B. die Fehlersammelkarte (Pareto-Analyse) oder die Qualitätsregelkarte (SPC). Ferner müssen die Kriterien für das Einleiten präventiver Maßnahmen geregelt werden. Solche vorbeugenden Fehlerverhütungsmaßnahmen sind im Vorfeld der Produktion besonders wirkungsvoll (FMEA).

Die Verfahren für Korrektur- und Vorbeugungsmaßnahmen müssen die wirksame Behandlung von Kundenbeschwerden und Berichten über Produktfehler, die Untersuchungen von Fehlerursachen bezüglich Produkt, Prozeß und QM-System sowie den Gebrauch geeigneter Informationsquellen zur Analyse, Entdeckung und Beseitigung von Fehlerursachen einschließen.

15. Handhabung, Lagerung, Verpackung, Konservierung und Versand

Verfahren und Verantwortlichkeiten für den Umgang mit Produkten sind zu regeln, aufrechtzuerhalten und zu dokumentieren. Dabei ist das Ziel Beschädigungen und Beeinträchtigungen der Produktqualität zu verhindern.

* Handhabung:

Die Handhabung von Produkten bezüglich Handling von Anlagen und Maschinen, interne Transporte, Transportmittel, Behälter und Schutzvorkehrungen für den gesamten Herstellungsprozeß ist, unter dem Aspekt Beschädigungen zu vermeiden, festzulegen.

* Lagerung:

Es sind geeignete Lagerbereiche oder -räume vorzusehen, um die eingelagerten Produkte vor Umwelteinflüssen zu schützen. Die Lagerbereiche sind derart zu kennzeichnen, daß Verwechslungen vermieden werden. Durch regelmäßige Lagergutüberwachung soll der Zustand der eingelagerten Produkte beurteilt werden.

* Verpackung und Konservierung (Schutz):

Hier müssen die Zuständigkeiten und geeignete Regelungen für das Verpacken, Kennzeichnen, den Schutz und die Trennung der Produkte festgelegt werden.

* Versand:

Es muß eine Vorgehensweise zur Sicherung der Produktqualität über die Endprüfung hinaus festgelegt werden, um die Qualität bis zum Bestimmungsort zu bewahren.

16. Lenkung von Qualitätsaufzeichnungen

Die Qualitätsaufzeichnungen dienen zum Festhalten von Qualitätsdaten aus den Prüfungen. Sie sollen den Nachweis erbringen und dokumentieren, daß die festgelegten Qualitätsforderungen erfüllt werden und das QM-System wirksam ist.

Die Verantwortlichkeiten und Abläufe zur Erstellung, Identifikation, Sammlung, Aufbewahrung und Pflege sämtlicher Qualitätsaufzeichnungen sind festzulegen. Sie müssen unter dem Aspekt der leichten Wiederauffindbarkeit archiviert werden.

Die Aufbewahrung der Qualitätsaufzeichnungen in dafür geeigneten Einrichtungen muß ausreichenden Schutz vor Beschädigungen gewährleisten und den Verlust verhindern. Des weiteren muß die Aufbewahrungsdauer festgelegt werden.

17. Interne Qualitätsaudits

Unter diesem Punkt wird gefordert, daß regelmäßig interne Systemaudits durchgeführt werden. Sie sollen die Übereinstimmung von Beschreibung und Ausführung der qualitätsrelevanten Tätigkeiten überprüfen und eventuelle Schwachstellen ermitteln, um dann Verbesserungsmaßnahmen aufzuzeigen.

Der Zweck solcher Audits besteht in der Beurteilung der Funktionsfähigkeit und der Dokumentation des QM-Systems. Weiterhin soll die Wirksamkeit bereits ergriffener Maßnahmen überprüft werden.

Die Auditergebnisse sind in einem Auditbericht zu dokumentieren und den verantwortlichen Stellen des auditierten Bereiches und der Unternehmensleitung bekanntzugeben. Daraufhin ist die Behebung der festgestellten Mängel durch die zuständigen Führungskräfte zu veranlassen.

18. Schulung

Der Schulung der Mitarbeiter muß besondere Aufmerksamkeit geschenkt werden, um ausreichende Personalqualifikation sicherzustellen, da sie direkten Einfluß auf die Qualitätsfähigkeit des Unternehmens hat. Die Schulung sollte zur Förderung des Qualitätsbewußtseins auf allen hierarchischen Ebenen beitragen.

Die Aus- und Weiterbildungsmaßnahmen müssen sorgfältig geplant werden, d.h. es muß zunächst der Bedarf festgestellt und anschließend dem vorhandenen Personal zugeordnet werden. Es sollte ein Zeitplan erstellt werden, so daß normale Aufgaben weiterhin erfüllt werden können, wozu man geeignete Vertretungen festlegen sollte. Über die durchgeführten Schulungsmaßnahmen sind Aufzeichnungen zu erstellen.

19. Wartung (Kundendienst)

(Anmerkung: nicht Bestandteil der Norm DIN EN ISO 9003)

Die Aufgabe des Kundendienstes ist einerseits die Produktbeobachtung, um Qualitätsinformationen vom Markt zu sammeln und andererseits die Bearbeitung von Garantiefällen und die Durchführung von Wartungen. Zu diesem Zweck müssen die Informationswege innerhalb des Unternehmens festgelegt werden. Die Kommunikation hat so zu erfolgen, daß keine Informationsinhalte verloren gehen.

Das Qualitätswesen sollte die eingehenden Reklamationen prüfen und auswerten, mit dem Ziel, die Fehlerursache zu finden und derart zu beseitigen, daß keine Wiederholungen auftreten (siehe 14. Korrektur- und Vorbeugungsmaßnahmen).

20. Statistische Methoden

Das letzte Element der DIN EN ISO 9001 fordert die Existenz von Verfahren zur Festlegung angemessener statistischer Methoden zur Überprüfung der Annehmbarkeit geeigneter Prozesse und Produktmerkmalswerte.

Das bedeutet, daß zunächst der Bedarf festgestellt, also die jeweiligen Methoden auf Eignung und Zweckmäßigkeit untersucht werden sollten. Anschließend muß mittels Verfahrensanweisungen die korrekte Anwendung festgelegt werden. Dabei sollte man beachten, daß das betroffene Personal die erforderlichen Kenntnisse zur Durchführung der statistischen Methoden besitzt.

Die sinnvollste Methode, um den Anforderungen gerecht zu werden, ist wohl die statistische Prozeßregelung (SPC). Weitere Methoden sind z.B. die Stichprobenprüfung oder die Führung von Qualitätsregelkarten.

3.5   Aufbau eines wirkungsvollen QM-Systems

Die wesentliche Forderung an ein QM-System ist, Produkte und Dienstleistungen von hohem Qualitätsniveau mit optimalem Aufwand und solchen Terminvorgaben zu realisieren, daß sie den Kunden zufriedenstellen. Der Kunde will dafür jedoch naturgemäß einen möglichst niedrigen Preis bezahlen, wohingegen der Hersteller bzw. Lieferant für seine Bemühungen entlohnt werden und einen möglichst hohen Gewinn erzielen will. Nun kostet bekanntermaßen jeder Fehler Geld und bringt auch auf irgendeine Art und Weise eine zeitliche Verzögerung mit sich. Deshalb muß in erster Linie erreicht werden, Fehler durch wirtschaftlich vertretbare, präventive, also vorbeugende Maßnahmen von vornherein auszuschließen.

Das Ziel beim Aufbau eines QM-Systems ist daher, eine wirtschaftliche Nutzung der vorhandenen technischen, menschlichen und materiellen Kapazitäten zu erreichen. Dabei sollte man sich insbesondere auf die Tätigkeiten im Anfangsstadium der Produktentstehungsphase konzentrieren. Weiterhin ist der rechtzeitigen Entdeckung von Fehlern besonderes Augenmerk zu widmen, da deren Beseitigung um so weniger aufwendig und kostspielig ist, je früher dies geschieht.

Die vorrangige Aufgabe bei der Einführung eines Qualitätsmanagement-Systems ist die Strukturierung und Systematisierung von Arbeitsabläufen. Weiterhin werden Zuständig-keiten geregelt und Verantwortungen festgelegt. Zur guten Funktion eines QM-Systems gehört, daß es von allen Mitarbeitern in allen Unternehmensbereichen verstanden wurde. Sie müssen lernen im Sinne der Qualitätsleitlinien des Unternehmens zu denken und zu handeln. Dies erfordert einerseits eine sachliche Aus- und Weiterbildung in den Methoden des Qualitätsmanagements und andererseits ständige Motivation zu dem neu geprägten Qualitätsbewußtsein. Schließlich ist jeder einzelne im Unternehmen auf die qualitativ hochwertige Arbeitsleistung der anderen angewiesen und somit intern auch "Kunde" seines "Lieferanten". Dabei muß das Ziel sein, Fehler erst gar nicht auftreten zu lassen.

Problemlösungen im Vorfeld der Produktherstellung sollten deshalb in abteilungsüber-greifenden Teams erarbeitet werden, z.B. im Rahmen einer Fehlermöglichkeits- und -einflußanalyse (FMEA). Nur mit Hilfe der Teamarbeit ist es möglich, daß man ganzheitliche Konzepte aufstellt, zu denen jede Abteilung ihren Teil beigetragen hat und dabei auf ihre eigenen Nöte aufmerksam machen konnte, die somit wiederum von anderen Abteilungen zur Kenntnis genommen und berücksichtigt werden müssen.

Gerade bei der Einführung eines QM-Systems nimmt diese Form der Teamarbeit einen hohen Stellenwert ein, da man hierzu sämtliche Unternehmensbereiche mit einbeziehen muß, bzw. als QM-Beauftragter auf Informationen aus allen Abteilungen angewiesen ist. Diese Tatsache sollte dazu benutzt werden, um eventuell vorhandene Abteilungsbarrie-ren abzubauen.

Die Grundvoraussetzung für den erfolgreichen Aufbau eines QM-Systems ist dabei, daß innerhalb des Unternehmens eine neue qualitätsbezogene Denkweise entstehen muß, die von allen Seiten akzeptiert werden sollte. Sie sollte sich nicht nur auf die Qualität der Produkte auswirken, sondern sich auch auf die Qualität der Tätigkeiten, also auf den gesamten Umgang miteinander, erstrecken.

Eine einheitliche Vorgehensweise zur Einführung eines QM-Systems kann es aufgrund der unterschiedlichen Betriebsstrukturen und Interessen bzw. Schwerpunkten nicht geben. Desweiteren wird das Vorgehen auch im wesentlichen dadurch beeinflußt, inwieweit bereits qualitätssichernde Maßnahmen im Unternehmen implementiert wurden. Dennoch soll an dieser Stelle versucht werden, aus der Sicht des Qualitätsbeauftragten, einen groben Abriß zum Aufbau eines QM-Systems nach DIN EN ISO 9001 darzustellen.

1.   Vorplanung des Projekts mit der Unternehmensleitung:

   - Festlegung des Aufgabenumfangs

   - Planung der Vorgehensweise

   - Festlegen der Qualitätspolitik

   - Festlegen der Organisationsstruktur des Unternehmens

2.   Informationsveranstaltung für die Führungsebene:

   - Erläuterung des Projekts und Darstellung der Vorgehensweise

   - Überzeugung der Führungskräfte von der Notwendigkeit des Vorhabens

3.   a. Ermittlung der relevanten Anforderungen an ein QM-System in Bezug auf die 20 Elemente der DIN EN ISO 9001.

     b. Ermittlung der Anforderungen der Kunden an das QM-System.

     Aus den ermittelten Anforderungen kann man nun ein Soll-Konzept zum Aufbau eines QM-Systems in Form einer Checkliste aufstellen.

4.   Teambildung für den Aufbau des QM-Systems und Aufgabenverteilung an das Team zur Erarbeitung der Struktur des QM-Systems in Anlehnung an die 20 Elemente der DIN EN ISO 9001.

5. Analyse der Struktur und der generellen Abläufe der bereits vorhandenen Qualitätssicherung in den verschiedenen Abteilungen in Bezug auf die einzelnen Elemente der Norm:

    a. Istzustands-Beschreibung

    b. Istzustands-Analyse (Differenzanalyse)

       – Beurteilung des beschriebenen Istzustands

       – Analyse des Istzustands auf Normkonformität

       – Formulierung der Defizite

    c. Festlegung von geeigneten Maßnahmen zur Beseitigung der Defizite mit Verantwortlichkeiten und Terminen

6. Gesamtplanung für den Aufbau des QM-Systems

    a. Koordinierung der Maßnahmen zur Beseitigung der festgestellten Defizite:

       – Prioritäten festlegen

       – Einplanung der Haltepunkte (Zeitplan)

       – Einplanung der benötigten Mittel (Kostenplan)

    b. Maßnahmen zur Beseitigung der Defizite umsetzen und auf Wirksamkeit überprüfen

7. a. Erstellung des QM-Handbuches und der Verfahrensanweisungen

       – Beschaffung fehlender Informationen

       – Beschreibung der Abläufe vertiefen

       – Klären von Zuständigkeiten und Abläufen

    b. QM-Handbuch mit begleitenden QM-Unterlagen (QM-Dokumention, Verfahrensanweisungen, Formblätter, usw.) auf Normkonformität und Durchführbarkeit prüfen und der Unternehmensleitung vorlegen

       – eventuelle Nachverbesserungen durchführen

       – QM-Handbuch genehmigen/freigeben

8.   Einführung des QM-Systems mittels QM-Handbuch im Unternehmen

   – Schulungsveranstaltungen zum Erläutern in Gruppen durchführen

   – Einholen von kritischen Äußerungen und auftauchenden Problemen

   – eventuelle Verbesserungen bzw. Änderungen im Sinne eines Regelkreises durchführen

   Dieser Punkt wird üblicherweise gleichzeitig mit Punkt 7. in Angriff genommen und parallel abgearbeitet.

Im Rahmen der Analyse zum Aufbau eines QM-Systems wird der Ist-Zustand erfaßt, um einen Überblick über die bereits vorhandene Qualitätssicherung im Unternehmen zu erhalten. Dieser Ist-Zustand muß dann beurteilt werden, indem man erörtert, inwieweit die durch die Norm bzw. den Kunden gestellten Anforderungen erfüllt werden. Die dabei ermittelten Defizite müssen durch geeignete Maßnahmen im Rahmen der Gesamtplanung beseitigt werden. Dazu werden Verantwortlichkeiten festgelegt, wobei jedem Defizit eine Person zugeordnet wird, die für dessen Beseitigung verantwortlich ist.

Um also ein wirkungsvolles, auf das jeweilige Unternehmen zugeschnittenes QM-System aufzubauen, muß man zunächst den Ist-Zustand im Detail überprüfen und dort verbessern, wo Defizite auftauchen. Es müssen also nicht unbedingt irgendwelche neuen Institutionen geschaffen werden, sondern vor allem Abläufe geregelt oder optimiert werden. Wo immer möglich, sollte man versuchen das Vorhandene weitgehend beizubehalten und nur dort durchgreifende Veränderungen anbringen, wo es unerläßlich erscheint.

Dabei stellen die Punkte 5. bis 8. den Hauptblock dar. Sie sollten bezogen auf jedes einzelne Element der DIN EN ISO 9001 ganzheitlich abgearbeitet werden, wobei man diese 20 Elemente nicht isoliert betrachten sollte, da es eine Vielzahl von Überschneidungen zwischen den jeweiligen Elementen gibt.

3.6   Dokumentation des QM-Systems

Zu einem QM-System gehört, daß es dokumentiert ist. Zu diesem Zweck werden alle von einem Unternehmen übernommenen QM-Elemente, Forderungen und Bestimmungen in einer systematischen und geordneten Weise in Form geschriebener Grundsätze und Verfahren in einer Reihe von aufeinander abgestimmten Dokumenten dargestellt. An dieser Stelle soll nur kurz auf die Dokumentationsstruktur eines QM-Systems, Bild 3.1, eingegangen werden, da eine Vertiefung mit Hilfe von Anwendungsbeispielen im Praxisteil erfolgt.

Die Dokumentation eines QM-Systems wird üblicherweise in drei Dokumentenebenen unterteilt:

1. QM-Handbuch

Im QM-Handbuch wird eine Übersicht über die Funktionsweise des QM-Systems dargestellt. Es enthält unternehmensspezifische Grundsätze (z.B. die Qualitätspolitik) und die grundsätzliche Beschreibung der Aufbau- und Ablauforganisation des Qualitätsmanagement im Unternehmen. Weiterhin werden die Verantwortungen und Befugnisse sowie die gegenseitigen Beziehungen des Betriebspersonals in leitender, ausführender oder überprüfender qualitätsrelevanter Tätigkeit dokumentiert.

Das QM-Handbuch dient als ständige Bezugsgrundlage für die Realisierung und Aufrechterhaltung des QM-Systems. Durch die transparente Darstellung wird die regelmäßige Überprüfung der Wirksamkeit des QM-Systems erleichtert. Das QM-Handbuch soll auch den Kunden zugänglich gemacht werden, um Vertrauen in die Qualitätsfähigkeit des Unternehmens zu erlangen.

2. Verfahrensanweisungen

In den Verfahrensanweisungen werden die Teilgebiete des QM-Systems detailliert beschrieben. Sie stellen den internen Teil der Dokumentation des QM-Systems dar.

In ihnen sind die Durchführungsbestimmungen und die systematische Vorgehensweise zur Umsetzung des QM-Handbuches enthalten. Die Verfahrensanweisungen beschreiben sozusagen das "Wie" bei der Durchführung qualitätsrelevanter Tätigkeiten.

Sie sollten aufgrund ihres themenbezogenen Aufbaus auch direkt dem jeweiligen Arbeitsbereich im Unternehmen zur Verfügung gestellt werden, wo sie beachtet werden müssen.

Bei Personalwechsel wird der Know-How-Abfluß verhindert, da die Abläufe am betroffenen Arbeitsplatz in den Verfahrensanweisungen beschrieben sind.

Da die Verfahrensanweisungen den Entwicklungsstand der jeweiligen Vorgehensweise festlegen, müssen sie ständig überwacht und weiterentwickelt werden, weshalb ein Änderungsdienst einzurichten ist.

3. Arbeits- und Prüfanweisungen

In den Arbeits- und Prüfanweisungen werden schließlich die Einzelheiten geregelt. Sie enthalten die grundsätzlichen Aufgaben der Mitarbeiter und des Prüfpersonals während des Prozeßablaufs.

Die wohl umfangreichste Tätigkeit bei der Einführung eines QM-Systems ist die Erstellung eines QM-Handbuches mit begleitenden QM-Unterlagen, um diesbezüglich ein für das Unternehmen geeignetes und wirksames QM-System zu entwickeln und danach umzusetzen.

Die Anwender des QM-Systems können später weitgehend mit den detaillierten Verfahrens-, Arbeits- und Prüfanweisungen arbeiten. Die Verteilung dieser Unterlagen soll sachbezogen, stufengerecht und anwendungsspezifisch erfolgen, so daß der Anwender sich auf die Kenntnis der für ihn relevanten Dokumente beschränken kann.

Geltungs-bereich	Verteiler		Beschreibung
umfaßt das gesamte Unternehmen	**intern:** Unternehmens-leitung, Abteilungsleiter **extern:** Kunde	QM-Handbuch	QM-Grundsätze, Aufbau- und Ablauf-organisation des Unter-nehmens mit Zuständig-keitsfestlegungen, Funktionsweise des QM-Systems im Zusammenhang
Teilbereiche des Unternehmens, Abteilungen	**nur intern:** Abteilungsleiter Mitarbeiter, die in der VA beschrie-bene Tätigkeiten ausführen	Verfahrens-anweisungen	detaillierte Beschreibung von Tätigkeiten aus Teilgebieten des QM-Systems
Arbeitseinheit, bestimmte Tätigkeiten	**nur intern:** Mitarbeiter; direkt am Arbeitsplatz	Arbeits- und Prüf-anweisungen	Regelung von Einzel-heiten, Ausführungs-anweisungen

Bild 3.1: Dokumentationsstruktur eines QM-Systems

4 Der Kunde - König oder Störenfried ?

Die deutsche Wirtschaft hat in ihrer jüngsten Krise zwei alte „Erfindungen" bzw. „Tugenden" wieder neu entdeckt: den Kunden und die Qualität.

Der Kunde ist zur zentralen Figur aller Unternehmensaktivitäten geworden. Seine Anforderungen setzen die Maßstäbe für das Produkt und/oder die Dienstleistung. Das gesamte Unternehmen wird auf dieses Ziel ausgerichtet.

Das Streben nach Qualität beruht im wesentlichen auf zwei Ursachen: einmal auf dem Wunsch nach Kundenzufriedenheit, zum anderen auf der Erfahrung, daß Fehler verhüten billiger ist als Fehler suchen und korrigieren.

Was aber bewegt den Kunden? Daß Informationswege verstopft sind, läßt ihn kalt. Daß sich die Firma tagelang mit sich selbst beschäftigt - dafür zahlt er nicht. Auch die Organisation interessiert ihn nur dann, wenn er unmittelbar einen Nutzen für sich erkennt. Er zahlt einzig und allein, wenn seine Bedürfnisse befriedigt werden oder wenn ihm geholfen wird, sein Problem oder seine Aufgabe zu lösen. Kurz gesagt, die Dienstleistung oder das Produkt haben absoluten Vorrang.

Was jahrzehntelang mißlang, scheint jetzt unter dem Druck des Marktes zu gelingen: der Kunde als Dreh- und Angelpunkt allen Bemühens. Denn die Produkte werden sich immer ähnlicher - auch im Preis.

Zaghaft dämmert die Erkenntnis, daß das Unternehmen zu allererst in seine Kunden investieren muß, daß heute in erster Linie Kundenzufriedenheit über prompte Lieferung und Bedienung, die Erfüllung von Wünschen, den entgegengebrachten Respekt, die kompetente Beratung und einen hervorragenden Service erreicht werden.

Es gilt, die Ursachen des Kundenfrusts zu erkennen und zu beseitigen. Analysen über Kundenwunsch, Kundenstruktur und Controlling-Systeme zur Messung der Kundenzufriedenheit sind die Leitlinien von morgen.

Immer mehr Unternehmen setzen deshalb auf die sogenannte Qualitätszertifizierung. Das bedeutet die Bestätigung durch eine anerkannte (akkreditierte) Stelle, daß das Unternehmen oder ein Teil davon den Anforderungen einer der Normen der ISO 9000-Reihe genügt. Doch reicht das schon aus?

Allein die weltweite Verteilung der Zertifikate macht deutlich, daß so Qualität nicht erreicht bzw. nachgewiesen werden kann. Auch dürfte es kein Unternehmen geben, bei dem der Kunde nach der Zertifizierung die gleichen Mängeln beklagt wie vorher.

Über die Qualität wird mit der Zertifizierung letzlich nichts Entscheidendes ausgesagt, schon gar nicht über die Kundenorientierung.

Damit soll der Wert der Qualitätsnormen und der Zertifizierung nur relativiert, nicht aber in Frage gestellt werden. Es gibt sicher eine Reihe von Organisationen, denen es gut täte, mindestens die Anforderungen von ISO 9000 ff. zu erfüllen.

Nicht die aufwendige Dokumentation nach den Qualitätsnormen ist entscheidend, sondern die Erfüllung der Kundenwünsche und die damit bewirkte Kundenzufriedenheit. Um dieses Ziel zu erreichen, muß die gesamte Organisation kundenorientiert aufgebaut - und das heißt in aller Regel - vollkommen umgestellt werden. Dies ist eine so gewaltige Aufgabe, daß sie nur schrittweise und nur mit bedingungsloser Unterstützung des Topmanagements angegangen werden kann. Entscheidend hierbei ist jedoch, daß damit begonnen wird.

4.1   Grundsätze zur Kundenorientierung

Über die Bedeutung der Kunden in den Unternehmen wird oft und gerne philosophiert. Viele Unternehmen haben sich folgende „Regeln" für ihre Kundenorientierung zu eigen gemacht:

- Der Kunde ist die allerwichtigste Person für ein Unternehmen, unabhängig davon, ob er persönlich anwesend ist, ob er mit einem telefoniert oder einem eine Mitteilung faxt.

- Der Kunde hängt nicht vom Unternehmen ab, sondern das Unternehmen von ihm.

- Die Wünsche eines Kunden sind weder lästige Arbeitsunterbrechungen noch ein notwendiges Übel, sondern Sinn und Zweck aller Tätigkeiten.

- Der Kunde ist jemand, der seine Wünsche nennt. Die Aufgabe des Unternehmens ist es, diese Wünsche gewinnbringend für ihn und für das Unternehmen zu erfüllen.

- Der Kunde kann seinen Lieferanten aus vielen auswählen, das Unternehmen kann seine Kunden nicht auswählen.

- Der einzig gültige Maßstab für den Erfolg einer Arbeit ist die Kundenzufriedenheit.

- Kundenzufriedenheit erfordert das unbedingte Erfüllen vereinbarter und versprochener Forderungen und das Treffen seiner stillschweigender Erwartungen. Zusätzliche „aufregende" Eigenschaften führen zu angenehmer Erinnerung an das Unternehmen. Durch die hohe Kompetenz des eigenen Unternehmens wird er auch langfristig in seiner Entscheidung für das Unternehmen bestätigt werden.

- Es kostet fünfmal mehr, einen neuen Kunden zu gewinnen, als einen zufriedenen Kunden an sich zu binden.

- Ein unzufriedener Kunde spricht mit 8 bis 16 anderen darüber, ein zufriedener Kunde empfiehlt das Unternehmen leider nur bei 3 anderen weiter. Deshalb braucht ein Unternehmen mindestens 80 Prozent zufriedener Kunden!

- Hinter jedem reklamierenden Kunden stehen 26 weitere, die schweigen.

- 91% der unzufriedenen Kunden wechseln den Lieferanten. Jedoch 90% der Kunden, die nach einer Reklamation voll zufriedengestellt wurden, bleiben dem Lieferanten erhalten.

- Ein Kunde ist kein Außenstehender, dem ein Gefallen getan wird, indem er bedient wird - sondern er tut dem Unternehmen einen Gefallen, wenn er ihm die Gelegenheit dazu gibt.

- Der Kunde ist keine Nummer einer Statistik, sondern ein Mensch - und ist daher wie alle Menschen auch mit Vorurteilen und Irrtümern behaftet. Der Kunde ist nicht jemand, mit dem man ein Streitgespräch führt oder seinen Intellekt mißt. Es gibt niemanden, der je einen Streit mit einem Kunden gewonnen hat.

- Der Kunde ist derjenige, der letztlich das eigene Gehalt bezahlt!

4.2 Kundenanforderungen

Wachsendes Qualitätsbewußtsein der Kunden und zunehmend internationale Märkte haben in den letzten Jahren zu einem verschärften Wettbewerb geführt. Um das wirtschaftliche Überleben von Organisationen sicherzustellen, ist die Betrachtung der Qualitätskosten allein nicht mehr ausreichend. Allein anhand der Qualitätskosten lassen sich zwar Schwachstellen im System analysieren und ggf. durch geeignete Mittel beheben, ein vorausschauendes und dem künftigen Marktgeschehen angepaßtes Agieren ist hiermit jedoch nicht möglich.

Die Zufriedenheit des Kunden ist sowohl wettbewerbsbestimmend als auch überlebensentscheidend. Doch bevor man einen Kunden zufriedenstellen kann, muß man dessen Forderungen und Wünsche kennen.

Hierzu zählen die ausgesprochenen (expliziten) Forderungen ebenso wie die nicht ausgesprochenen (impliziten) Erwartungen der externen und internen Kunden.

Marktanteile zu halten oder zu vergrößern bedeutet, Kundenanforderungen verstärkt zu berücksichtigen. Voraussetzung für eine fruchtbare und dauerhafte Zusammenarbeit zwischen Kunde und Lieferant ist, die Vorstellungen des Kunden und die des Lieferanten zu einer möglichst großen Überdeckung zu bringen. Nur eine große Überdeckung der Anforderungen und Erwartungen als gemeinsame Basis führt zu einer Zufriedenheit des Kunden. Erst das Erfüllen aller Anforderungen (Kundenwünsche) im Hinblick auf die geforderten technischen Merkmale und auch im Hinblick auf den Termin, den Preis, die Dienstleistung, das Mitarbeiterverhalten des Lieferanten und die Umwelt bewirkt „Qualität".

Der Erhalt der Konkurrenzfähigkeit durch den Lieferanten erfordert von ihm eine ständige Beobachtung des Wettbewerbs und des Kundenverhaltens. Entsprechende Änderungen müssen erkannt werden und rechtzeitig in entsprechende veränderte Strategien beim Anbieten von Waren oder Dienstleistungen einfließen. Erst das Beachten der Kundenwünsche unter Berücksichtigung markt-, umwelt- und sozialpolitischer Aspekte ermöglicht es, weitere Anforderungselemente (wie z.B. Schnelligkeit am Markt, Preis) zu erfüllen.

Alle Aktivitäten zwischen Kunden und Lieferanten sind als „Prozeß" zu sehen und als solcher auch zu verstehen. So lassen sich Ausgangsgrößen und Sollvorgaben miteinander vergleichen.

Bevor jedoch wahre Kundenzufriedenheit erreicht werden kann, ist sicherzustellen, daß auch in Teilbereichen der Zusammenarbeit keine Unzufriedenheit des Kunden vorherrscht. Das heißt, zu allererst auftretende Fehler analysieren und beseitigen, damit sie nicht wieder vorkommen.

Faktoren, die heute den Kunden erfreuen, können ihn morgen bereits verärgern, wenn sie nicht erfüllt werden.

5 Qualitätsmanagement effektiv gestalten

Effektives Qualitätsmanagement hat als strategisches Unternehmensziel die tatsächliche Qualitätsverbesserung. Nur so lassen sich langfristig Kosten senken und Wettbewerbsvorteile auf dem heutigen, vom verschärften Wettbewerb geprägten Käufermarkt sichern. Wie erreicht man aber die gewünschte Effektivität ?

Dazu werden nachfolgend ein paar Bedingungen formuliert.

1.   Es geht nicht allein um die Erfüllung einer Norm.

Qualitätsverbesserungen müssen sich rechnen lassen. Mit dem Erhalt des Zertifikates in Papierform allein ist dem Unternehmen nicht gedient. Die Aufwendungen zur qualitativen Verbesserung der Unternehmensleistung müssen sich durch „Ersparnisse" wie z.B. weniger Ausschuß / Nacharbeit oder weniger Kundenreklamationen und Kulanzfälle mehr als gegenrechnen lassen. Die Ziele müssen - um nur einige zu nennen - die gleichzeitige Kostensenkung, die Verbesserung der Auftragslage und die Verbesserung des Firmenimages sein.

2.   Qualitätsbewußtsein muß „vorgelebt" werden.

Qualität wird nur dann im Unternehmen und auf allen Ebenen produziert, wenn das Qualitätsbewußtsein vom Management auch wirklich „vorgelebt" wird. Motivation zur Qualität ist eine unabdingbare Führungsaufgabe; das Qualitätsbewußtsein muß im Unternehmen „vom oberen Ende an das untere Ende" getragen werden.

3.   Qualität geht alle an.

„Für die Qualität ist der Leiter Qualitätswesen zuständig" ist oft die vorherrschende Meinung im Unternehmen. Dies ist ein klares Zeichen für fehlendes Qualitätsbewußtsein und stures Abteilungsdenken; denn Qualität erstreckt sich auf die Phase der gesamten internen Auftragsabwicklung und betrifft die gesamte Lebensdauer des Produktes. Jeder im Unternehmen muß deshalb zur Erfüllung der Qualitätsziele beitragen. Durch systematische Schulung und eine motivierende Informationspolitik müssen die Mitarbeiter auf allen Ebenen und in allen Abteilungen an diese Aufgabe herangeführt werden.

4.   Qualität ist nicht zu erprüfen, sondern zu produzieren.

Qualität muß systematisch geplant werden; dabei müssen auf allen Ebenen Prüfungen vorgenommen werden: z.B. durch Bereitstellen geeigneter Prüfpläne, durch geeignete Meß- und Prüfmittel, durch Einführen einer wirtschaftlichen Selbstprüfung in der Produktion.

5.   Qualitätsverbesserung und Qualitätsmanagement sind in vielen Fällen durch eine bessere Unternehmensorganisation erzielbar.

Das Unternehmen hat nicht nur „externe" Kunden, sondern ist genauso durch ein „internes" Kunden-Lieferanten-Geflecht gekennzeichnet. Die Abteilungen untereinander sind jeweils auf der einen Seite der Kunde, auf der anderen Seite aber auch der Lieferant gegenüber einem weiteren Kunden. Daraus ergeben sich gleich mehrere Fragen: Wie stimmen sich die jeweiligen Unternehmensbereiche ab? Mit Hilfe welcher Unterlagen wird der extern erteilte Auftrag richtig und vollständig übergeben? Wer ist hierfür verantwortlich?

Nur wenn der Ablauf hierfür nachweislich festgelegt ist, ist es möglich, viel Zeit für Doppelarbeit und nachträgliche (Er-) Klärungen zu vermeiden und Kosten zu sparen.

6.   Motivation ist der Ursprung aller guter Unternehmensleistung.

Ein Unternehmen besteht nicht nur aus Maschinen. Das wichtigste Kapital eines Unternehmens ist immer noch sein „Human Capital". Ohne den Menschen geht im Unternehmen gar nichts.

Als Paradebeispiel für effektives Qualitätsmanagement werden oft gerne japanische Unternehmen vorgezeigt. Dort steht der Mensch im Mittelpunkt des „sozialen Systems Unternehmen". Außerdem haben die Japaner erkannt, daß die eigenen Mitarbeiter oft intelligenter sind als landläufig geglaubt wird. Die Mitarbeiter müssen von der Notwendigkeit qualitätsverbessernder Maßnahmen überzeugt werden und sind bei deren Erarbeitung einzubeziehen. Denn nur qualitätsbewußte und motivierte Mitarbeiter erbringen eine gute Unternehmensleistung.

7.   Qualitätsverbesserung läßt sich nahezu immer rechnen.

Der notwendige Planungsaufwand wird durch „ersparte Fehlerkosten" mehr als kompensiert. Sicherlich: auch Qualitätsverbesserungen kosten zunächst Geld. Sie werden aber durch das gezielte Abstellen von Fehlern mehr als wettgemacht.

8. Jedes Unternehmen hat abhängig von seinen Unternehmenszielen und den Markterfordernissen „Qualiät" neu zu definieren.

QM-Systeme gibt es nicht „von der Stange". Ein QM-System ist für jedes Unternehmen, abhängig von den Ansprüchen der Kunden und den internen Anforderungen (wie z.B. Unternehmensziele, Technologien), individuell zu definieren und festzuschreiben. Ein passendes QM-System ist deshalb immer ein individuelles System. Das praktisch Machbare muß immer im Vordergrund stehen !

9. Das Ziel heißt Qualitätsverbesserung.

Das Sichern der Unternehmensqualität allein führt in aller Regel nicht weiter. Die ständige Qualitätsverbesserung muß jederzeit bei allen Tätigkeiten das Ziel sein. Qualitätsverbesserungen dürfen auf keinen Fall nur „dokumentiert" werden (z.B. in Form eines QM-Handbuches), sondern müssen umgesetzt werden. Nur eine erfolgreiche Umsetzung in der Praxis verspricht langfristig auch ein effizientes und wirksames QM-System, das der DIN EN ISO-Norm entspricht.

6 Das Zertifikat - war's das ?

6.1 Erwartungen an das Zertifikat

Sowohl der Kunde, der ein zertifiziertes QM-System fordert, als auch das Unternehmen, das dieses Zertifikat erbringt, haben in aller Regel eine ganz spezifische Erwartung zum Nutzen dieses Nachweises.

Ein zertifiziertes System dient zur Vertiefung des Vertrauensverhältnisses zwischen Kunden und Lieferanten. Die unabhängige Bewertung ersetzt das Kundenaudit. Dieses Ziel wird jedoch nur erreicht, wenn der Kunde

- die Bewertungsverfahren und -kriterien akzeptiert,

- die Zertifizierungsstelle anerkennt und

- von eigenen Audits absieht.

Anhand dieser Ziele eines Zertifikats lassen sich die Kundenerwartungen ableiten. Die Erwartungen - und internen Auswirkungen - beim Lieferanten sind dagegen aus der Philosophie der DIN EN ISO 9000 ff. abzuleiten.

Die **Erwartungen des Kunden** konzentrieren sich in erster Linie auf folgende Bereiche:

- Verschaffen eines Bildes über die langfristigen Fähigkeiten des Lieferanten

- Kostenreduzierung durch Verzicht auf eigene Auditierungen

- bessere Zusammenarbeit mit dem Lieferanten

Aus der **Sicht des zertifizierten Unternehmens** ergeben sich folgende Erwartungen:

- Schaffen eines positiven Bildes beim Kunden und/oder Erfüllen von expliziten Kundenforderungen

- Vermeiden von Kundenaudits

- Verbessern der internen Abläufe und Beseitigen von Schwachstellen

Die Qualität des Zertifizierungsverfahrens - und somit die Voraussetzungen der Akzeptanz durch den Kunden - wird dadurch bestimmt, daß ein von seinen Mitarbeitern oder Auditoren durchgeführtes Audit zu einem vergleichbaren Ergebnis geführt hätte oder führen würde.

Die Grundvoraussetzung hinsichtlich einer Anerkennung durch den Kunden ist das Vertrauen, das der Kunde in die Produkte und eben damit auch in das QM-System (QM-System-Zertifikat) des Lieferanten gewinnt.

Die Vorbereitung auf eine Zertifizierung ist dann mit erheblichen Kosten verbunden, wenn eine Bewertung und Verbesserung der Abläufe, der Organisation und der Prozesse längere Zeit nicht vorgenommen wurde. Häufig führen jedoch zu hohe Erwartungen und unzureichende Konsequenz bei der Umsetzung zu nichterfüllten Hoffnungen.

Das Zertifikat muß das Ergebnis einer funktionierenden Betriebsorganisation und Basis für eine tiefergehende Kunden-Lieferanten-Beziehung sein. Der Zertifizierungsprozeß nach DIN EN ISO 9000 ff. ist nur Hilfsmittel, um zu erkennen, welche Voraussetzungen das Unternehmen dafür erbringen sollte bzw. muß. Zur Erfüllung der Erwartungen müssen diese Erkenntnisse realisiert und umgesetzt werden.

6.2   Das Zertifikat - reine Nebensache ?

Ein zertifiziertes oder zumindest dokumentiertes QM-System zählt in jüngster Zeit zu einem fast nicht zu umgehenden Marktkriterium für viele Unternehmen. Weil vor allem der Markt und damit die Kunden es fordern, werden in vielen Unternehmen QM-Systeme aufgebaut, dokumentiert und häufig zertifiziert. Ein Lieferant ohne ein zertifiziertes QM-System ist heute schon fast nicht mehr vorstellbar; Auftragsvergaben werden von der Existenz dieses „Papiers" abhängig gemacht.

Um diese Ziele zu erreichen, werden erhebliche Anstrengungen unternommen und Investitionen getätigt. Die Geschäftsleitung und die verantwortlich damit befaßten Mitarbeiter sehen dabei häufig die kurzfristig erforderlichen Ergebnisse (im allg. QM-Handbuch und Verfahrensanweisungen für kritische Abläufe) als das primäre - und alleinige - Ziel ihrer Anstrengungen an. Auf der anderen Seite mehren sich Aussagen bereits zertifizierter Unternehmen, daß sich eigentlich nichts geändert habe, der erwartete Quantensprung ausgeblieben sei (sehe man einmal von eigenen Erfolgserlebnissen am Rande ab).

Der Weg zum Zertifikat ist für viele Unternehmen mit einem erheblichen Aufwand und einer spürbaren Anstrengung und häufig mit neuen, internen Aufgaben verbunden.

Oft führen zusätzliche Anstrengungen, namentlich ein nicht unerheblicher Aufwand für die Dokumentation von Abläufen, bei denen mehrere Unternehmensbereiche mitwirken müssen, schließlich zu der Frage nach dem Sinn dieser Tätigkeiten für das Unternehmen und damit nach dem Nutzen eines Zertifikats.

Das nur auf externen Druck durch den Kunden oder den Gesetzgeber angestrebte und gleichzeitig auf bürokratischem Wege erlangte Zertifikat, also ein Zertifikat, dessen zugehöriges QM-System nicht wirklich „gelebt" wird und damit Ausgangspunkt für ständige Verbesserungen ist, wird auf Dauer auf dem Markt an Vertrauen und damit an Bedeutung verlieren.

Die Vorgaben der Norm dienen dazu, daß man die Abläufe richtig gestaltet, nicht aber, daß man das Richtige tut. Das Zertifikat dokumentiert „lediglich", daß ein Unternehmen ein normkonformes QM-System hat. Für die Weiterentwicklung der Unternehmensorganisation stellt es dabei einen Schritt zu einem umfassenden, integrierten Qualitätsmanagement dar. Im Anschluß an die Zertifizierung sind deshalb unbedingt weitere Aktivitäten und Maßnahmen notwendig.

Der Hauptaufwand nach erfolgreicher Zertifizierung wird sich auf die internen Audits konzentrieren. Die jährlichen Nachaudits sowie die Wiederholungsaudits alle drei Jahre erweisen sich in der Regel als sehr fair und kooperativ, da es bei einem Unternehmen, das nach seinem QM-System lebt und an ihm arbeitet, unproblematisch erscheint, den Auditoren die jeweiligen Verfahren und Abläufe transparent zu machen.

Die Anstrengungen, um das Zertifikat zu erlangen, verpuffen jedoch nahezu wirkungslos, wenn der Zertifizierung keine weiteren Aktivitäten folgen.

Die Qualität von Produkten und Dienstleistungen gehört zu den entscheidenden Wettbewerbsfaktoren, die über den langfristigen Erfolg eines Unternehmens am Markt entscheiden. Darüber besteht inzwischen Einigkeit über alle Branchengrenzen hinweg. Die vielen Verfahren und Methoden zum Erreichen dieser Qualität machen jedoch die ganze Sache relativ unübersichtlich und die Verwirrung ist deshalb auch oft groß.

Die geringe Verbreitung umfassender Qualitätskonzepte läßt sich u.a. auch auf die historische Entwicklung zurückführen. In den Vereinigten Staaten und in Großbritannien wurden unter den Begriffen „Quality Control" und „Quality Assurance" schon in den Nachkriegsjahren Anforderungen definiert, die helfen sollten, den Kunden von der vertragsgemäßen Beschaffenheit der gelieferten Produkte zu überzeugen. Diese Vorschriften waren allerdings noch sehr technisch geprägt, obwohl der Aspekt der Vertrauensbildung zwischen Kunde und Lieferant schon im Vordergrund stand.

Experten gehen davon aus, daß die Zertifizierung, die heute noch Wettbewerbsvorteile verspricht, in den kommenden Jahren zum Standard in den Unternehmen wird. Bald wird es kein Vorteil mehr sein, ein Zertifikat zu haben, es wird nur noch ein Nachteil sein, nicht zertifiziert zu sein !

6.3   Entwicklung des Wertes einer Zertifizierung

Die Entwicklung des Wertes einer Zertifizierung wird von den Zertifizierungsgesellschaften in der Regel wie folgt beurteilt:

- Das Thema „Zertifizierung" wird mit Zunahme der Anzahl der zertifizierten Unternehmen an Aktualität verlieren, der Wert eines Zertifikats nicht, denn die Wirksamkeit des QM-Systems muß permanent nachgewiesen werden.

- Der Wert des Zertifikats wird unter der Voraussetzung steigen, daß das Vertrauen der Kunden in die Zertifizierung nicht enttäuscht wird und die Anforderungen an zu zertifizierende Unternehmen gleich und ausreichend sind.

- Das Zertifikat wird die EG-Produktrichtlinien und die Richtlinien für den internationalen Handel unterstützen.

- Das Zertifikat dient als Basis für weitere Behandlung von Sicherheits- und Umweltfragen.

- Der Wert des Zertifikats ist abhängig von der Arbeitsweise der Zertifizierungsstellen und der internationalen Akkreditierungsgesellschaften.

- Das Zertifikat ist in einigen Branchen notwendig bzw. existenzsichernd, allerdings wird der Wert z.B. im Handwerksbereich überschätzt.

Die Bedeutung der Zertifizierung nimmt vor dem Hintergrund der Harmonisierungsbemühungen in der EG immer mehr zu, ist jedoch in mehrfacher Hinsicht zu relativieren:

- Neben der Zertifizierung können branchenspezifische Vereinheitlichungen und die gegenseitige Anerkennung der Auditergebnisse ein Weg zur Reduzierung der Auditierungskosten sein, die den individuellen Bedürfnissen besser Rechnung tragen als das globale Konzept der Zertifizierung.

- Neben Zertifikaten stellen (inter-) nationale Qualitätspreise und Auszeichnungen eine zunehmend bedeutsame Vermarktungsmöglichkeit dar.

- Zertifizierte QM-Systeme sind aufgrund ihrer starken Technik- und Produktorientierung nur ein Schritt auf dem Weg zu einer umfassenden Qualitätsorientierung des Unternehmens.

7 Hindernisse bei der Einführung eines QM-Systems

Als allererstes fordert die Norm, daß ein Unternehmen sein Qualitätsmanagement-System dokumentiert. Dabei bietet sich die Chance, alle notwendigen Prozesse, die die tägliche Arbeit ausmachen, zu strukturieren und zu beschreiben und dabei gleich allen unnötigen Ballast über Bord zu werfen. Dies ist etwas, das Unternehmen sich zwar immer wieder vornehmen, dann jedoch meistens nicht die Zeit dazu finden.

Die Motivation bzw. die Einstellung der Mitarbeiter in den Unternehmen, in denen die Autoren tätig waren bzw. sind, war am Anfang der Vorbereitungen zur Zertifizierung durchweg dieselbe: „Nur nichts Neues!". Vielen schien die Bedeutung einer Zertifizierung für das Unternehmen im Hinblick auf dessen künftiges (wirtschaftliches) Bestehen bzw. Überleben nicht bewußt zu sein: „Es ist bisher doch alles gut gelaufen und so wird's auch in Zukunft weitergehen!". Eine allgemeine (und auch in einer gewissen Weise verständliche) Skepsis gegenüber Themen wie Qualitätsmanagement, Zertifizierung etc. schien sich breitzumachen.

Die häufigsten „Ratschläge" bei der Vorbereitung auf eine Zertifizierung von den Mitarbeitern im Unternehmen an einen QM-Beauftragten sind in der Regel häufig Argumente, die gegen eine Zertifizierung sprechen:

- „Na dann viel Spaß !"

- „Was auch noch ISO ! Ich hab´ genügend anderes Geschäft."

- „Was ISO, hier bei uns !? Klappt ja jetzt schon so gut wie nichts."

- „ISO bedeutet doch, daß man unternehmensinterne Abläufe und Verantwortlichkeiten festlegt, egal ob danach in der Praxis auch gearbeitet wird oder nicht. Oder ?"

- „Die ganze Dokumentation verstaubt am Ende doch sowieso in irgendwelchen Regalen."

- „Der ISO-Papierkram hemmt nur unsere Arbeitsabläufe."

- „Die Arbeit muß erledigt und nicht dokumentiert werden."

- „Unsere Projekte sind seit Jahren erfolgreich, auch ohne Zertifizierung."

- „Was das blos alles wieder kostet!"

An allen diesen Punkten ist sicher etwas dran. Auf der anderen Seite kann das Management bei kluger und konsequenter Umsetzung der Norm viel Nutzen aus der Zertifizierung, z.B. klarere Abläufe, Vermeiden von unnötigen Doppelarbeiten, ziehen.

Was die Akzeptanz und die Motivation der Beschäftigten betrifft, scheinen die größten Probleme immer wieder im Bereich der Produktion zu liegen - so ist zumindestens die Erfahrung der Autoren bislang gewesen. Nur wenn die Arbeitsbedingungen so gut wie möglich gestaltet sind bzw. werden, ist Bereitschaft für das Projekt der Zertifizierung vorhanden. In aller Regel ist es nicht einfach, die Beschäftigten davon zu überzeugen, daß ISO zwar mehr Papier, insgesamt - und langfristig - gesehen aber auch für das Unternehmen intern wie extern Vorteile bringt. Für ein solches System muß man sich immer wieder aufs neue engagieren, man muß dafür "leben". Wohlgemeinte Vorsätze sind ohne eine solche „Dauereinstellung" bald vergessen.

Im folgenden soll zusammenfassend eine kleine Auswahl von Hindernissen, die erfahrungsgemäß bei der Einführung eines QM-Systems auftreten, aufgelistet werden:

- unnötig hohe Überzeugungsarbeit, Bewußtseinsänderungen

- veraltete Ansichten von Vorgesetzten bzw. leitenden Angestellten

- Angst vor Papierflut, Bürokratie, Flexibilitätsverlust: „Wir machen doch alles, warum etwas aufschreiben?"

- Schwierigkeiten bei der Befolgung von Formalismen

- Überzeugung und Mitarbeitermotivation zum neuen unternehmensweiten Qualitätsbewußtsein; alte Zöpfe abschneiden wie „Qualität ist Sache der Kontrolle" oder „für Qualitätsmanagement gibt es keine Abteilung"

- mangelnde Bereitschaft zur Kooperation („Platzhirschgehabe") und zur Durchführung der notwendigen Aktivitäten

- Abteilungsgrenzen und -schnittstellen (abteilungsbezogene Denkweise)

- mangelnde Unterstützung des Managements

- Zeitdruck und Arbeitsüberlastung

- nicht wissen, nicht können, nicht wollen

- Angst vor der totalen Kontrolle, Angst vor der Entdeckung beim „Fehlermachen"

- fortwährende Strukturänderungen im Unternehmen

- Einführung während einer Auftragsboomphase

- formale Anforderungen ohne sichtbaren Nutzen

- mangelnde Kompetenz der QM-Beauftragten in den Abteilungen

Auf der anderen Seite aber muß man ganz klar den Anspruch und die Wirklichkeit eines Zertifikats erkennen:

Es beweist,

- daß die Darlegungsform des QM-Systems angemessen ist;

- daß die Auseinandersetzung mit der Thematik auf allen Ebenen stattgefunden hat;

- daß die Mitarbeiter mit Audits vertraut sind.

Es beweist nicht,

- ob die Mitarbeiter von den Aktivitäten überzeugt sind;

- ob das Dargelegte tatsächlich ständig so erledigt wird;

- ob die Abläufe auch optimal sind und ausgeführt werden.

In kurzer Form sei nochmals auf wichtige „Gefahren" hingewiesen, die beim Thema Zertifizierung und ISO 9000 vermieden werden sollten:

- Es sollte stets versucht werden gemeinsam Regeln für die entscheidenden Fertigungs- und Geschäftsprozesse zu finden und zu leben, um auch dem Unternehmen einen spürbaren Nutzen zu ermöglichen. Eingekaufte oder im Schnellverfahren selbst gebastelte, vermeintlich clevere standardisierte Lösungen zur Überlistung des gesamten Zertifizierungsapparates führen nach einigen Ehrenrunden zwar letztendlich auch zum Zertifikat, aber außer Kosten wird nichts bleiben.

- ISO 9000 und wie auch Qualitätsmanagement sind als solide Basis und Meilenstein auf dem Weg zu TQM zu verstehen, auch wenn heute oft kostspielige TQM-Programme als angeblich einzig richtige Alternative angepriesen werden.

- Mangelhafte Führungsqualität, unzureichende Mitarbeiterbeteiligung und fehlende Zielorientierung spiegeln sich in zu vielen Vorschriften und zu detaillierten Anweisungen wieder. Wer sich mit Papierbergen zuschüttet und sich durch unangebrachte Regelungswut selber am Geldverdienen hindert, hat nicht verstanden, was modernes und innovatives Qualitätsmanagement bedeutet.

Die Aspekte des umfassenden Qualitätsmanagements sowie der ausgeprägten Kundenorientierung werden in der Norm nur ansatzweise gefordert. Bei der heutigen Wettbewerbssituation müssen Strukturen und Abläufe ständig angepaßt werden.

Die Vorgaben der DIN EN ISO 9000er-Normenreihe verlangen aber stabile Strukturen und geregelte Abläufe. Dadurch ergeben sich Widersprüche und Erschwernisse bei der Verwirklichung einer erfolgreichen Qualitätsstrategie.

Die Festschreibung der Ablauforganisation ruft oft auch Ablehnung und Abwehrreaktionen hervor, insbesondere bei relativ kleinen Unternehmen, da gerade dort bisher vieles nur „auf Zuruf" gelaufen ist. Die Beweglichkeit und Elastizität am Markt sowie der schnellen Reaktion auf Kundenwünsche usw., so wird dann häufig argumentiert, könnten dadurch eingeengt werden. Es steht jedoch ohne Zweifel fest, daß durch klare Festlegungen Zweigleisigkeit, Mißverständnisse, Unklarheit, Schnittstellenprobleme und Kompetenzgerangel vermieden werden können.

Die in der Norm festgelegte Abfolge von Überwachungsaudits und regelmäßige Rezertifizierung hält die entsprechende Dynamik aufrecht, in den eigenen Anstrengungen zur ständigen Verbesserung und Optimierung des Qualitätsmanagement-Systems nicht nachzulassen. Alles in allem lohnt sich eine Zertifizierung immer - auch für kleine und mittelständische Unternehmen. Wichtig dabei ist, das Ziel zu erreichen, eine Qualität zu liefern, die den Kundenanforderungen entspricht. Dies und der Blick auf die Zukunftssicherung des eigenen Unternehmens bzw. des eigenen Arbeitsplatzes sollte den - auch oftmals persönlichen - Zeitaufwand den ein Qualitätsmanagement-System und seine Zertifizierung mit sich bringt, wert sein.

8 Berater oder allein ?

Große Unternehmen haben - im Gegensatz zu kleinen Unternehmen - nicht in dem Maße Schwierigkeiten, ein Zertifikat zu erarbeiten. Der Weg zur Zertifizierung ist von einem unproduktiven Mehraufwand gekennzeichnet, den kleine Unternehmen oft nur mit Mühe erbringen können; der Nutzen einer Zertifizierung stellt sich meist erst später ein.

Während Anfang der 90er Jahre externe Berater häufig herangezogen wurden, um ein normkonformes Qualitätsmanagement-System einzuführen und damit das von der Geschäftsleitung begehrte Zertifikat zu erlangen, scheint dieser Trend in letzter Zeit eher etwas nachzulassen. Immer mehr Unternehmen gehen daran, in Eigenregie ein DIN EN ISO-9000-gerechtes System zu installieren bzw. vorhandene qualitätssichernde Tätigkeiten den Erfordernissen der DIN EN ISO anzupassen. Es gibt einige gute Gründe für einen Alleingang, besonders die des persönlichen Engagements und des Selbstvertrauens des Qualitätsbeauftragten. Erfolg wird sich sicherlich einstellen, wenn die Geschäftsführung eine gewisse Verantwortung dem Ausführenden überträgt und diesen voll unterstützt. Auf der anderen Seite gibt es zwischenzeitlich aber auch genügend Vorbilder, denen man nacheifern kann, und letztendlich sind die Kosten geringer. Wenn in einem Unternehmen erst Schranken beseitigt werden müssen und die Forderungen der ISO 9000 ff., vorgetragen vom Qualitätsbeauftragten, auf taube Ohren stoßen, dann ist es besser, sich einen Experten als Propheten ins Haus zu holen.

Inzwischen gibt es ausreichend Fachveröffentlichungen und ausreichend brauchbare Literatur, aus denen sich Anforderungen für das eigene Unternehmen ableiten lassen. Aus den inzwischen zahlreichen verfügbaren Vorlagen kann mit ein bißchen redaktionellem Geschick das eigene Qualitätsmanagement-Handbuch „abgeschrieben" und dabei den strukturellen, technologischen und produktbezogenen Besonderheiten des eigenen Hauses angepaßt werden.

Des öfteren beginnt alle Beratung damit, daß „fleißige" Berater zuerst einmal auf ihr selbstgestricktes - "gerade für ihr Unternehmen so ideale" - Musterhandbuch verweisen. Diese Musterhandbücher sind oft jedoch nur ein „Remix" von dem, was es schon seit langem zuhauf auf diesem Markt in der ein oder anderen Aufmachung gibt. Man sollte sich stets gewiß sein, daß einem erfahrenen Auditor sofort auffallen wird, daß da ein Qualitätsmanagement-Handbuch nach Mustervorlage für das eigene Unternehmen erstellt wurde, das in keiner Weise die tatsächliche Situation vor Ort wiederspiegelt.

Vor allem am Anfang der Orientierungsphase zur DIN EN ISO 9000 ff. ist es von Vorteil, einen Berater hinzuzuziehen. Ein „Externer" kann die Geschäftsleitung erfahrungsgemäß besser aufklären und auch die Folgen aufzeigen, wenn die Normenforderungen außer acht gelassen werden.

Die Geschäftsleitung wird zweifellos auch die Vorteile sehen, die sich durch das Erstellen von Verfahrensanweisungen und die Zuweisung von Verantwortlichkeiten im Unternehmen ergeben.

Die wichtigen Phasen, zu denen ein Externer sein Wissen und seine Erfahrungen einbringen kann, sind:

- das Voraudit

- der Entwurf des QM-Systems

- die Erstellung der QM-Dokumentation

- die Vorabprüfung des QM-Systems vor dem eigentlichen Zertifizierungsaudit

Viele sind durch das eigene Tagesgeschäft zu sehr in Anspruch genommen, um Dinge zu erkennen, die ein Externer auf Anhieb sieht. Dem Externen fällt nicht schwer, das zu sagen, was im eigenen Unternehmen nicht gerne gehört wird. Der Vorteil liegt auf der Hand, die Dinge werden beim Namen genannt: die Fertigung legt ein „es-wird-schon-gehen"-Verhalten an den Tag, Termine sind wichtiger als Qualität, die Lagerbereiche sind unzureichend gekennzeichnet und gesichert. Der unabhängige Externe macht somit dem Unternehmen schon frühzeitig klar, daß unter diesen Bedingungen und Gegebenheiten eine erfolgreiche Zertifizierung nicht möglich sein wird.

Ein Besuch bei einem befreundeten, bereits zertifiziertem Unternehmen empfiehlt sich immer. Das Sammeln von Erfahrungen und Informationen durch Gespräche mit Verantwortlichen sowie entsprechende Besichtigungen hinterlassen einen bleibenden Eindruck und motivieren darüber hinaus für das eigene Projekt.

9 Bedeutung des Qualitätswesens vor und nach der Zertifizierung

Die Zertifizierung nach DIN EN ISO 9001 bis 9003 hat nachweislich einen großen Einfluß auf Veränderungen im Qualitätswesen. Davon sind sowohl der inhaltliche Aufgabenumfang als auch der Stellenwert im Unternehmen betroffen. Erst mit zunehmender Popularität der DIN EN ISO 9000 ff. und neuen Managementphilosophien wie TQM (Total Quality Management), KAIZEN u.ä. und dem damit verbundenen strukturellen Wandel hat sich das Bild von dem bei den Mitarbeitern stets unbeliebten Qualitätswesen geändert. Aufgabenbereich und Aufgabenprofil der Mitarbeiter des Qualitätswesens haben sich erweitert.

Vor allem in noch nicht zertifizierten kleinen und mittelständischen Unternehmen herrschen oft noch Zweifel und Unsicherheit über Effizienz aber auch Effektivität von QM-Systemen, wobei ein gewisser Nutzeffekt nicht abgesprochen wird. Viele fühlen sich dem externen Zwang zur Einführung und Zertifizierung eines normkonformen QM-Systems ausgeliefert. Dem steht gegenüber der Mangel an Know-how, qualifizierten Mitarbeitern, Zeit und anderen Ressourcen sowie die Angst vor Bürokratie und dem Verlust der für solche Betriebe so notwendigen Flexibilität: DIN EN ISO 9000 ff. als Neuland.

Die bisherige Qualitätssicherung basiert im wesentlichen auf Kontroll- bzw. Prüffunktionen anhand von Mindest-Kundenanforderungen. Jetzt wird aus der „Fertigungskontrolle" eine übergreifende Managementfunktion. Der Kunde wünscht das Vorhandensein eines QM-Systems nach DIN EN ISO 9001 bis 9003 oder eigenen spezifischen Vorstellungen. Was der Kunde wünscht, wird durchgeführt. Kundenzufriedenheit ist schließlich das oberste Gebot. Gerade aufgrund dieses externen Zwangs und der damit verbundenen Zeitknappheit kommt es zu einem internen Widerstand gegenüber dem QM-System. Bleibt der Kundenwunsch jedoch einzig akzeptierter Grund für ein QM-System, so wird das Qualitätswesen zu einer Alibifunktion im Unternehmen.

Diese veränderte Rolle des Qualitätsmanagements bringt Anpassungsschwierigkeiten für alle Mitarbeiter. Es kommt zu Widerständen, die von sachlicher Kritik und destruktiven Äußerungen bis zu offener Verweigerung der Mitarbeit und Gegenaktionen reichen können. Der Aufstieg des Qualitätsmanagements (und seiner Mitarbeiter) im Unternehmen hinsichtlich der Bedeutung muß von allen Mitarbeitern erst einmal verarbeitet werden.

Gerade die Einführung und Zertifizierung eines Qualitätsmanagement-Systems nach der DIN EN ISO-Normenreihe ist ein Ziel, dessen Erreichen in den meisten Unternehmen höchste Priorität genießt - heutzutage mehr denn je!

Das Qualitätsmanagement avanciert nach den Umstrukturierungsmaßnahmen oft zu einer weit oben angesiedelten Stabsstelle oder zu einer eigenen Abteilung, losgelöst von der bisher oft übergeordneten Produktionsabteilung.

Das Tätigkeitsprofil des Qualitätswesens verändert sich aufgrund der Zertifizierung ganz klar vom Kontrollieren, Messen und Prüfen über Analysieren, Informieren und Verbessern hin zum Koordinieren und Vorbeugen. Der Stellenwert des Qualitätswesens steigt. Die Wirksamkeit des Qualitätswesens wird dabei nicht ganz so „rosa-rot" gesehen wie dessen Verantwortung. Hier scheint es (leise) Zweifel zu geben. Auch sprechen in aller Regel die Mitarbeiter dem Qualitätswesen nach der Zertifizierung eine höhere Kompetenz zu als im Vorfeld. Zudem steigt das Ansehen des Qualitätswesens während des gesamten Zertifizierungsablaufes.

10 Die Ressource Mensch im Qualitätsmanagement

Beim Entwickeln, Implementieren und Weiterentwickeln von Qualitätsmanagement-Systemen gewinnt die Ressource Mensch immer mehr an Bedeutung. Inter- und intrapersonelle Beziehungen treten in den Vordergrund. Bei der Komplexität der zwischenmenschlichen Beziehungen und des Menschen selbst gibt es unendlich viele „Fehlerquellen", die zu einer Reduzierung der Qualität an einem Produkt und/oder Dienstleistung führen können. Gleichbleibend hohe Qualität verlangt von allen Mitarbeitern Höchstleistung.

Hierfür gilt es, im Unternehmen die entsprechenden Voraussetzungen zu schaffen, um die Mitarbeiter zu diesen Höchstleistungen motivieren zu können. Nur ein konzeptionelles und qualitätsorientiertes Personalmanagement wird den gestellten Forderungen gerecht. Es orientiert sich an den externen Kunden und sieht in den Mitarbeitern den internen Kunden.

Zu diesen Voraussetzungen gehören:

- flache Hierarchien,

- die klare Zuordnung von Aufgaben, Kompetenzen und Verantwortungen,

- die Entwicklung eines geeigneten Führungsstils,

- die Ausrichtung des Personalplanungsprozesses am quantitativen und qualitativen Personalbedarf sowie den Personalkosten,

- die Implementierung und kontinuierliche Aktualisierung eines Gesamtkonzeptes für die Aus- und Weiterbildung,

- einheitliche Kommunikationsmaßnahmen, die die Attraktivität des Unternehmens nach außen und innen steigern,

- die Einführung eines an den Qualitätszielen orientierten Vergütungssystems für effektives und kundenorientiertes Handeln.

Auch wenn Unternehmen nicht erst seit dem „Inkrafttreten" der DIN EN ISO 9000er-Reihe an Qualitätsverbesserungen arbeiten, ist die Einrichtung eines Qualitätsmanagement-Systems wichtig und sinnvoll. Daran können die eigenen Qualitätsmaßstäbe gemessen, Anregungen geholt und alle umso stärker in die Pflicht genommen werden.

Hinzu kommt, daß das Qualitätsmanagement-System eine zyklische Außenkontrolle mit sich bringt, was ebenfalls von Vorteil ist.

Es ist deshalb besonders wichtig, daß das Qualitätsmanagement-System von allen Mitarbeitern des Unternehmens getragen wird, das bedeutet, Einbeziehen aller Mitarbeiter in die Entwicklung des Qualitätsmanagement-Handbuches und der Verfahrensanweisungen und dadurch Nutzung des gesamten geistigen Potentials des Unternehmens.

Darum ist im Qualitätsmanagement die Teamarbeit von besonderer Bedeutung. Von allen Beteiligten muß ein gemeinsames Ziel angestrebt werden, das zu Beginn vom Management klar definiert und im weiteren Verlauf unterstützt werden muß. Im Rahmen eines straffen Projektmanagement muß jedes Teammitglied seine Verpflichtungen („Bring-Schuld") kennen und akzeptieren und sich die Zielerreichung und den Zeitplan ständig vor Augen halten. Dabei kommt der zwischenmenschlichen Verständigung bzw. Harmonie innerhalb der Gruppe ein hoher Stellenwert zu. Teamarbeit heißt in erster Linie „Geben und Nehmen, Helfen und sich Helfen lassen".

Durch kooperative Teamarbeit im abteilungsübergreifenden Qualitätsmanagement lassen sich im Unternehmen folgende Vorteile erkennen:

- besserer Informationsfluß

- weniger Geheimhalterei zwischen den einzelnen Abteilungen

- Abbau von Abteilungsbarrieren (Abteilungsdenken)

- mehr Verständnis für die Probleme anderer Abteilungen / Mitarbeiter

- kollegialerer, freundlicherer Umgang

- gemeinsame Identifikation mit den Unternehmenszielen

- Förderung neuer Ideen, höhere Innovationsleistung

- Förderung der Motivation

Gerade das Einbeziehen der Mitarbeiter jedoch bereitet, bezogen auf das „Wie", besondere Probleme. Befragungen von Mitarbeitern erfordern eine besonders gründliche Vorbereitung. Bereits bei der Fragenformulierung muß das Unternehmen überlegen, was es von der Befragung erwartet und wie schnell es abgeleitete Maßnahmen realisieren kann.

Mitarbeiterbefragungen zeigen es immer wieder, daß Fehler und deren Verbesserungsmöglichkeiten immer bei den Anderen gesehen werden und nur ganz selten im eigenen Arbeitsumfeld. Das Engagement der Mitarbeiter ist schnell wieder weg, wenn zwischen der Befragung und der Einleitung von Maßnahmen zu viel Zeit vergeht. Vermeiden sollte man auf jeden Fall „Show-Programme", die das Management in nicht all zu kurzer Zeit unglaubwürdig erscheinen lassen.

Von besonderer Bedeutung ist im Rahmen des Qualitätsmanagements auch die Motivation der Mitarbeiter. Doch gerade diesbezüglich machen Führungskräfte häufig Fehler, die zur Blockierung der Motivation bis hin zur partiellen Arbeitsverweigerung führen können. Zu diesen zwischenmenschlichen Fehlern gehören:

- geringe oder keine Anerkennung der Leistung (Lob)

- Nichtbeachtung der Probleme der Mitarbeiter

- keine Zeit zum Zuhören und für Gespräche mit den Mitarbeitern

- geringe menschliche Zuwendung

- den Mitarbeitern wird der Sinn der jeweiligen Aufgabenstellungen bzw. Arbeitsausführungen nicht erklärt

- den Mitarbeitern wird zu wenig Freiraum bzw. Mitspracherecht bei der Gestaltung der Arbeit gegeben

- unterschiedliche Behandlung der jeweiligen Mitarbeiter (Bevorzugung bestimmter Mitarbeiter)

- Führungsperson gestattet bzw. verträgt keine Kritik

- heftige Kritik oder lautstarker Befehlston gegenüber Mitarbeiter

Als Führungskraft, also auch als QM-Beauftragter, sollte man ständig ein offenes Ohr für die Probleme der Mitarbeiter mit der Arbeitsausführung haben, da diese auf organisatorische bzw. strukturelle Defizite hinweisen. Dabei muß man beachten, daß die Mitarbeiter bezüglich ihrem langjährigen Arbeitsplatz umfangreiche Kenntnisse und Erfahrungen aufweisen, auf die man als QM-Beauftragter unbedingt zurückgreifen sollte. Ein Mitarbeiter, der seine eigenen Gedanken in das QM-System eingebracht hat und seine Vorschläge auch verwirklicht sieht, wird diesem automatisch eine höhere Akzeptanz entgegenbringen und besser motiviert sein.

Die Motivation der Mitarbeiter bringt dem Unternehmen letztendlich viele Vorteile:

- höhere Leistung und bessere Qualität

- Identifikation mit dem Unternehmen

- behutsamer Umgang mit Produkten und Betriebsmittel

- umfangreichere Innovationsleistung durch ausgeprägtes Vorschlagswesen

- besserer Informationsfluß

- höheres Verantwortungsbewußtsein der Mitarbeiter; dadurch weniger Kontrolle durch die Vorgesetzten erforderlich (Zeitersparnis)

- bessere Zusammenarbeit durch Teamgeist

– besseres Betriebsklima, zufriedene Mitarbeiter

– weniger motivationsbedingte Fehlzeiten („Krankmachen")

Schließlich und endlich sollte man stets ein offenes Ohr für die Kunden haben. Ohne das permanente Feedback der Kunden wäre das Unternehmen nicht in der Lage, das Qualitätsmanagement-System ständig den neuen Kundenanforderungen anzupassen.

Zusammenfassend ist offensichtlich, daß das Anforderungsprofil an die Führungseigenschaften eines Qualitätsbeauftragten sehr umfangreich und vielfältig ist. Diesbezüglich soll an dieser Stelle abschließend eine „Checkliste" mit Stichworten zum Führungspotential eines „QB's", gegeben werden:

– dynamisches, überzeugendes, sicheres, wirksames Auftreten

– zielorientierte, konsequente Führung von Mitarbeitern und Besprechungen

– Organisator, Planer, Projektmanager

– bereichsübergreifende Handlungs- und Denkweise, Blick für Zusammenhänge

– Durchsetzungsvermögen, Hartnäckigkeit

– Belastbarkeit, Ehrgeiz, Fleiß, Fähigkeit zur Selbstmotivation

– Mut zur Delegation, Teamfähigkeit, Forderung von Gruppendynamik

– Führungswillen, klare Zielorientierung, Verbissenheit

– Konfliktbereitschaft, bedingungsloses Durchsetzungsvermögen

– Lernfähigkeit, Informationsgier

– lernt aus Fehlern, korrigiert sich bei Fehlhandlungen

– Kompromißbereitschaft, Toleranz, Anpassungsfähigkeit

– Beharrlichkeit, Geduld, Frustresistenz, kein Selbstmitleid

– Kommunikationsgeschick, pädagogische Fähigkeiten

– Offenheit für Erneuerungen, Mut traditionelle Strukturen in Frage zu stellen

– Objektivität, Neutralität, Mobilität, Bezug zur Realität

– höflich, bescheiden, lobend, tröstend, einfühlsam, vertrauensvoll, ehrlich

– kann zuhören, ist empfänglich für Probleme und Sorgen

– erlaubt Freiräume, schafft Gelegenheiten zum Erfolg, motiviert

Teil B

Qualitätsmanagement-Systeme in der Praxis

1 Checkliste zum Aufbau eines QM-Systems nach DIN EN ISO 9001

Für die Umsetzungsphase der Einführung eines normkonformen QM-Systems ist es sinnvoll eine Checkliste mit sämtlichen zu berücksichtigenden Punkten aufzubauen. Sie gewährleistet, daß man den Überblick über die umfangreichen Anforderungen behält und bietet die Möglichkeit Haltepunkte zu setzen, um den Fortschritt der Umsetzung überwachen zu können. Weiterhin können die den Aufbau eines eigenen QM-Systems begleitenden Audits anhand dieser Checkliste vorbereitet und durchgeführt werden.

Die folgende Checkliste wurde aus verschiedenen Audit-Checklisten zusammengetragen und ist entsprechend der DIN EN ISO 9001 in 20 QM-Elemente gegliedert. Sie ist mit Absicht sehr allgemein gefaßt, so daß sie im Normalfall auf jedes Unternehmen angewendet werden kann. Checklisten dieser Art werden von den jeweiligen Zertifizierungsgesellschaften in ähnlicher Form bei der Durchführung von (System-) Audits verwendet.

Aus dieser Checkliste kann problemlos ein firmenbezogener Audit-Fragenkatalog erarbeitet werden, indem man die nicht relevanten Aspekte streicht und besonders wichtige Punkte mit weiteren Fragen vertieft. Dabei sollte man stets die Forderungen der DIN EN ISO 9001 oder 9002 bzw. 9003 nicht aus den Augen verlieren. Der auf diese Weise erarbeitete Audit-Fragenkatalog kann sowohl als Grundlage für die Durchführung interner Systemaudits wie auch für die Vorbereitung auf das eigentliche Zertifizierungsaudit herangezogen werden.

Im Zuge der Maßnahmen zur Einführung eines normkonformen QM-Systems ist es notwendig, auch abteilungsbezogene Audits durchzuführen. Das heißt, daß zumindest dieser hier vorliegende Fragenkatalog weiterentwickelt und den jeweiligen unternehmensspezifischen Gegebenheiten mit der Zeit angepaßt werden sollte.

CHECKLISTE
Seite 1 von 55

Checkliste zum Aufbau eines QM-Systems
nach DIN EN ISO 9001

Inhaltsverzeichnis:

<table>
<tr><td>1. Verantwortung der Leitung</td><td>CHECKLISTE
Seite 2 von 55</td></tr>
</table>

1. Verantwortung der Leitung

1.1. Qualitätspolitik

- Formulierung einer Qualitätspolitik

- Qualitätspolitik z.B. mit Rundschreiben im Unternehmen bekanntgeben

- Grundsatzerklärung muß allen Mitarbeitern bekannt sein

- Qualitätspolitik muß im QM-Handbuch enthalten und von der Unternehmensleitung unterschrieben sein

- Aus der Qualitätspolitik ergeben sich die Qualitätsziele, die entsprechend formuliert werden müssen:
  - Vorgaben für Produkte, Prozesse, Abläufe und Dienstleistungen
  - Darstellung, Bekanntgabe und Aktualisierung der Qualitätsziele
  - Überwachung der Zielerreichung

1.2. Organisation

- Erstellung von Organisationsplänen:
  - Benennung der Stellen bzw. Abteilungen
  - Stelleninhaber nachweisen
  - Ausgabedatum vermerken
  - Identifikation bis auf Abteilungsebene

- Zuordnung der qualitätsbezogenen Aufgaben zu den verschiedenen Stellen hinsichtlich Durchführung, Mitwirkung und Information in Form einer Verantwortungsmatrix

- Verantwortungen und Befugnisse z.B. in Stellenbeschreibungen festlegen

- Koordinierung und Überwachung von Schnittstellen

- Unabhängigkeit des Qualitätswesens als selbständige Organisationseinheit nachweisen (z.B. direkt der Unternehmensleitung unterstellt)

<table>
<tr><td>1. Verantwortung der Leitung</td><td>CHECKLISTE
Seite 3 von 55</td></tr>
</table>

- Unabhängigkeit des Qualitätswesens muß gewährleistet sein:
  - beim Sperren fehlerhafter Produkte bzw. Prozesse
  - beim Überwachen von Problemlösungen
  - bei Qualitätsaudits in allen Bereichen

- Zuständigkeiten des Qualitätswesens festlegen

- Stellenbeschreibung des Leiters des Qualitätswesens:
  - Unterstellungs- und Überstellungsverhältnisse
  - Zuständigkeit für Planung, Überwachung, Korrektur des QM-Systems und für Entscheidungen in Qualitätsfragen
  - Festhalten, ob der Qualitätsleiter noch andere Funktionen inne hat

- Aufgabenbeschreibungen für prüfende Stellen erstellen

- Festlegen von internen Forderungen an die Nachweisführung einschl. Umfang und Verantwortung bezüglich:
  - Wareneingangsprüfungen
  - Fertigungsprüfungen
  - Funktionsprüfungen
  - Überwachung von Entwicklungstätigkeiten
  - Überwachung von Herstellungs-, Montage- und Wartungsverfahren
  - Durchführung von System-, Verfahrens- und Produktaudits

- Bereitstellung von Mitteln für den Nachweis der Wirksamkeit des QM-Systems zwecks:
  - Nachweis der Entwicklungsergebnisse durch Berechnungsverfahren, Rechnerprogramme, Materialprüfung, Erprobungseinrichtungen
  - Eignung der Meß- und Prüfeinrichtungen
  - Anpassung der Überwachungsmaßnahmen an den Grad der Beherrschung der zu prüfenden Verfahren
  - Korrektur von Problembereichen durch Audits

<table>
<tr><td>1. Verantwortung der Leitung</td><td>CHECKLISTE
Seite 4 von 55</td></tr>
</table>

- Bereitstellung von entsprechend ausgebildetem Personal zur Gewährleistung der Wirksamkeit des QM-Systems:
    - Bereitstellung der Mittel zur Personalentwicklung
    - Vorhandensein eines Personalentwicklungsprogramms (siehe Schulung)
    - Nachweis der Befähigung des Personals durch Ausbildung, Erfahrung oder Schulung

- Ernennung eines Qualitätsbeauftragten der obersten Leitung, dem die Verantwortung übertragen wird, für die Erfüllung der Normenforderungen zu sorgen

1.3. QM-Bewertung

- regelmäßige Bewertung des QM-Systems durch die oberste Leitung

- Ergebnisse interner Audits müssen der Unternehmensleitung bekannt sein

- der Qualitätsleiter muß der Unternehmensleitung in regelmäßigen Zeitabständen oder bei besonderen Vorkommnissen über den Stand des QM-Systems berichten

- gegebenenfalls Anwendung von Qualitätskennzahlen (z.B. Auditergebnisse, Ausschußanteil, Fehlerkosten, Anlieferqualität, Reklamationen, Auftragsdurchlaufzeit, Umweltverträglichkeit)

- gegebenenfalls Erfassung von Qualitätskosten (Fehlerverhütungskosten, Prüfkosten, Fehlerkosten, Verluste durch Nichterreichen der Qualität)

- Korrekturen oder Ergänzungen des QM-Systems, die sich aus dem Review ergeben werden von der Unternehmensleitung angeordnet

- Aufbewahrung von Berichten über durchgeführte Reviews und entsprechender Korrekturmaßnahmen

	CHECKLISTE
2. Qualitätsmanagement-System	Seite 5 von 55

2. Qualitätsmanagement-System

2.1. Allgemeines

- Dokumentation und Beschreibung des QM-Systems in einem QM-Handbuch als Referenz für dessen Funktionalität und Aufrechterhaltung

- schriftlich festgelegte Verfahren und Anweisungen zum Qualitätsmanagement müssen in Übereinstimmung mit der jeweiligen Norm der DIN ISO 9000 ff. festgelegt und angewendet werden

- das QM-Handbuch muß Verfahrensanweisungen, die das QM-System beschreiben, enthalten oder auf sie verweisen

- Geltungsbereich des QM-Handbuches festlegen

- Darlegung der Verbindlichkeit des QM-Handbuches im Geltungsbereich

- Existenz eines Verteilers für das QM-Handbuch

- Einrichtung eines Änderungsdienstes für das QM-Handbuch im Falle von inhaltlichen Modifikationen, Überarbeitungen oder Ergänzungen

2.2. QM-Verfahrensanweisungen

- Erstellung von Verfahrensanweisungen für die jeweiligen Funktionsbereiche zur Festlegung der Zuständigkeiten und Regelung bzw. Erläuterung der Abläufe

- gegebenenfalls Erstellung von Arbeitsanweisungen zur detaillierten Beschreibung einzelner Prozesse bzw. Tätigkeiten

- die Verfahrensanweisungen müssen mit dem QM-System und den Forderungen der Norm verträglich sein und verwirklicht werden

2.3. Qualitätsplanung

- im Rahmen der Qualitätsplanung innerhalb des QM-Systems, muß schriftlich festgelegt werden, wie und mit welchen Mitteln die Qualitätsforderungen an das Produkt bzw. die Dienstleistung durchgängig erfüllt werden

- bei der Qualitätsplanung sind folgende Gesichtspunkte zu beachten:
  - es müssen Qualitätsmanagement-Pläne ausgearbeitet werden
  - die zur Erfüllung der festgelegten Qualitätsforderungen und deren Verifizierung erforderlichen Mittel (Prozesse, Einrichtungen, Fertigkeiten, Lenkungsmaßnahmen) müssen festgelegt und bereitgestellt werden
  - die einzelnen Tätigkeiten von der Entwicklung über die Produktion bis hin zur Montage und Wartung (bzw. Kundendienst) müssen aufeinander abgestimmt sein und mit der zugehörigen Dokumentation verträglich sein
  - die Aktualisierung von Qualitätslenkungsmaßnahmen ist sicherzustellen
  - es muß sichergestellt werden, daß die Geräteausstattung und die Meßtechnik dem neuesten Stand der Technik entspricht; hierzu sind schon während der Entwicklung die Forderungen festzulegen
  - bezüglich den Qualitätsmerkmalen und Qualitätsforderungen müssen Annahmekriterien festgelegt werden

<table>
<tr><td>3. Vertragsprüfung</td><td>CHECKLISTE
Seite 7 von 55</td></tr>
</table>

3. Vertragsprüfung

3.1. Allgemeines

- Einführung eines Systems zur Koordination der Tätigkeiten im Rahmen der Vertragsprüfung

- Verfahrensanweisung und Ablaufplan zur Vertragsprüfung erstellen und im QM-Handbuch darstellen

3.2. Prüfung

- Prüfung der Vertragsunterlagen auf:
  - Eindeutigkeit
  - Widersprüchlichkeit der Einzelforderungen
  - Fehlen von Einzelforderungen
  - Terminvorgaben
  - bei Widersprüchen oder Nichteinhaltbarkeit von Forderungen: Information des Auftraggebers

- Festlegung der notwendigen Dokumentation:
  - Angebotsformulare
  - Bestellfomulare
  - Vertragsbegleitpapiere
  - Auftragsbestätigung

- Kriterien zur Vertragsprüfung in einer Checkliste festlegen

- Ablauf der Vertragsprüfung mit einzubeziehendem Personenkreis einschl. einer koordinierenden Stelle festlegen

- Verfahren zur Vertragsprüfung muß allen betroffenen Stellen bekannt und für alle verbindlich sein

- Regelung der Verteilung aller relevanten Vertragsunterlagen an die zuständigen Stellen

<table>
<tr><td>3. Vertragsprüfung</td><td>CHECKLISTE
Seite 8 von 55</td></tr>
</table>

- Einholung der Zustimmung aller betroffenen Stellen im Rahmen der Vertragsprüfung über Vertragsbegleitpapiere

- Freigaberegelung vor Angebotsabgabe an den Kunden

- Qualitätsanforderungen des Kunden an das Produkt und das QM-System sind schriftlich festzulegen (z.B. in Spezifikationen, Lasten- bzw. Pflichtenheften, Qualitätsvereinbarungen, Einkaufsbedingungen, Bestellunterlagen, Normen, Zeichnungen)

- Forderungen des Kunden müssen allgemein verständlich und eindeutig sein

- Verfahren zur Umsetzung der Kundenforderungen in betriebsinterne Unterlagen und zur Verbreitung einschl. Pflege der Unterlagen festlegen

- Überprüfung, ob die vom Kunden gestellten Anforderungen und einzuhaltenden Vorschriften erfüllt werden können (Machbarkeitsabklärung mit betroffenen Fachbereichen):
  - Herstellbarkeit, Prüfbarkeit, Genauigkeit
  - Prüfanordnung, Prüfmittel, Rechnerunterstützung
  - Freigabekriterien
  - Erfahrungen aus Herstellung und Nutzung
  - externe / interne Normen / Vorschriften / Anweisungen
  - gesetzliche Sicherheitsanforderungen
  - Umweltverträglichkeit

3.3. Vertragsänderung

- Festlegung eines Änderungssystems für den Fall von nachträglichen Änderungen der Vertragsbedingungen einschl. Dokumentation und falls erforderlich erneute Durchführung der Vertragsprüfung

- Verständigung aller betroffenen Stellen bei Vertrags- bzw. Auftragsänderungen

	CHECKLISTE
3. Vertragsprüfung	Seite 9 von 55

3.4. Aufzeichnungen

- Führung von Nachweisen über die Durchführung der Vertragsprüfung:
    - Vertragsdokument
    - Vertragsbegleitpapiere
    - Checkliste zur Vertragsprüfung
    - Machbarkeitsabklärung
    - Nachweis der Einbeziehung der betroffenen Fachbereiche
    - Stellungnahme der Fachbereiche aufbewahren

4. Designlenkung

4.1. Allgemeines

- Festlegung von Verfahren zur Produktentwicklung

- Festlegung von Zuständigkeiten für Ablauf- und Projektorganisation

- Festhalten der Aktivitäten von der Vergabe bis zum Serienanlauf in Projekt- bzw. Entwicklungsplänen

- Benennung eines Projektverantwortlichen

- Anwendung allgemeingültiger Richtlinien für Entwicklung, Konstruktion, Berechnung, Prüfung, Materialauswahl, usw.

- Gewährleistung einer systematischen Abarbeitung gemäß Projektplanung

- zentrale terminliche Überwachung des Projektfortschrittes

- falls erforderlich sind Entwicklungserfahrungen zu dokumentieren, z.B. in:
  - Konstruktionshandbüchern
  - FMEA-Datenbanken
  - Teile-Lebenläufen
  - Dokumentation von Versuchsergebnissen
  - Berichte über Verfahren und Werkstoffe

4.2. Entwicklungsplanung

- Entwicklungsvorhaben sind in Entwicklungsplänen zu dokumentieren:
  - Beschreibung der Entwicklungstätigkeiten
  - Zuordnung der beteiligten Stellen
  - Festlegung der Zuständigkeiten

- Entwicklungspläne sind dem Entwicklungsfortschritt anzupassen:
  - Zuständigkeit für Aktualisierung festlegen
  - aktuellen Entwicklungsstand im Plan vermerken

	CHECKLISTE
4. Designlenkung	Seite 11 von 55

- Bereitstellung von qualifiziertem Personal und angemessenen Mitteln:
  - Festlegung der Anforderungen an die Qualifikation des Personals für Entwicklungs- und Prüftätigkeiten
  - Personen, die Prüftätigkeiten ausführen, müssen Zugang zu allen Informationen des Entwicklungsvorhabens haben
  - Bereitstellung angemessener Entwicklungseinrichtungen
  - Prüfeinrichtungen sind auf Funktion und Genauigkeit zu überprüfen

4.3. Organisatorische und technische Schnittstellen

- Festlegung der organisatorischen und technischen Schnittstellen und Sicherstellung des erforderlichen Informationsaustausches:
  - Tätigkeiten und Zuständigkeiten an Schnittstellen festlegen
  - Informationsmittel festlegen
  - Verantwortung für Weitergabe / Einholung von Informationen festlegen
  - Informationen dokumentieren und aufbewahren
  - regelmäßige Prüfung des Informationsaustausches

4.4. Entwicklungsvorgaben

- Dokumentation der Forderungen an die Entwicklung:
  - Verfahren und Verantwortungen festlegen
  - Berücksichtigung von Normen und gesetzlichen Vorschriften
  - Dokumentation in Form eines Lasten- bzw. Pflichtenhefts
  - jeder Mitarbeiter muß über diese Unterlagen verfügen können

- Überprüfung der Forderungen auf Angemessenheit:
  - Zuständigkeit festlegen und Ergebnisse dokumentieren
  - formelle Freigabe erteilen

- unvollständige, unklare, widersprüchliche Forderungen klären:
  - Zuständigkeit festlegen und Ergebnisse dokumentieren
  - Entwicklung erst nach Abschluß sämtlicher Klärungen beginnen (Freigabe für den Beginn der Entwicklung erteilen)

4.5. Entwicklungsergebnis

- Dokumentation des Ergebnisses der Entwicklungstätigkeiten bezüglich Produkt und Prozeß in Form von Spezifikationen

- Unterlagen für die Realisierungsphase müssen vollständig und unmißverständlich sein

- Prozeßabläufe und -parameter sind schriftlich festzulegen

- Forderungen sind in Prüfanweisungen und Arbeitsplänen umzusetzen

- zur Feststellung des Entwicklungsergebnisses müssen Prüfmerkmale und Annahmekriterien festgelegt werden

- gesetzliche Forderungen sind zu erfüllen

- Kriterien bezüglich Sicherheit und einwandfreier Funktion sind festzulegen

4.6. Überprüfung der Entwicklungsergebnisse

- Planung und Durchführung von dokumentierten Überprüfungen der Entwicklungsergebnisse in geeigneten Entwicklungsphasen

- Verfahren zur Entwicklungsprüfung (Design-Review) dokumentieren

- Prüfschritte für Entwicklungsabschnitte festlegen

- Verwendung von Checklisten zur Entwicklungsprüfung

- Verantwortung für die Entwicklungsprüfung einschl. Qualifikation des dafür zuständigen Personals festlegen

- das Qualitätswesen ist in die Entwicklungsprüfung mit einzubeziehen

- Verwendung von Checklisten zur Entwicklungsprüfung

<table>
<tr><td>4. Designlenkung</td><td>CHECKLISTE
Seite 13 von 55</td></tr>
</table>

4.7. Designverifizierung

- Durchführung einer Designverifizierung nach geeigneten Entwicklungsphasen, um festzustellen, ob die festgelegten Forderungen erfüllt werden (ob das Entwicklungsergebnis den Entwicklungsvorgaben entspricht)

- insbesondere Überprüfung der Erfüllung der Qualitätsforderungen

- die Designverifizierung kann folgende Tätigkeiten beinhalten:
  - Durchführung von Produkterprobungen
  - Durchführung von alternativen Berechungen
  - Durchführung einer Qualitätsbewertung
  - Vergleich mit anderen, bewährten Entwicklungen
  - Überprüfung der zugehörigen Dokumentation

- Freigabe zur Realisierung des Entwurfs erteilen (phasenweise und endgültig)

- Dokumentation der Ergebnisse der Designverifizierung

4.8. Designvalidierung

- Durchführung einer Designvalidierung im Anschluß an die Designverifizierung, um festzustellen, ob die festgelegten Forderungen erfüllt werden und den Anforderungen des Anwenders entsprechen (üblicherweise am Endprodukt unter festgelegten Betriebsbedingungen)

4.9. Entwicklungsänderungen

- Verfahren für Entwicklungsänderungen dokumentieren

- Entwicklungsänderungen schriftlich festhalten

- Festlegung der Verantwortung für die Prüfung, Kennzeichnung und Freigabe geänderter Entwicklungs- bzw. Konstruktionsunterlagen

- betroffene Abteilungen bzw. Personen über Änderung informieren

5. Lenkung der Dokumente und Daten

5.1. Allgemeines

* Einführung von schriftlich festgelegten Verfahren zur Lenkung der Dokumente und Daten

* Einbeziehen der externen Dokumente und Daten (z.B. Zeichnungen und Normen von Kunden)

5.2. Genehmigung und Herausgabe von Dokumenten und Daten

* systematische und unternehmensumfassende Überwachung aller Dokumente und Unterlagen, die von der Norm gefordert werden

* Einrichtung eines Kennzeichnungssystems für technische Dokumente, mit dem Zweck der eindeutigen Zuordnung der Dokumente zu den Produkten

* Festlegen, welche Tätigkeiten nur nach schriftlichen Anweisungen durchgeführt werden dürfen

* Festlegung der Zuständigkeiten und Kriterien für die Herausgabe, Überprüfung, Freigabe und Pflege der Dokumente

* Sicherstellen, daß nur geprüfte und freigegebene Dokumente herausgegeben werden

* Verteilung der entsprechenden Dokumente an die jeweiligen Stellen systematisch regeln:
    - festgelegte Verteiler für technische Dokumente
    - z.B. zentrale Verteilerstelle
    - Empfangsbestätigung, um Verteilung sicherzustellen

<table>
<tr><td>5. Lenkung der Dokumente und Daten</td><td>CHECKLISTE
Seite 15 von 55</td></tr>
</table>

- Regelung des Austauschs überholter Dokumente an den betroffenen Stellen einschließlich des Einzugs ungültiger, ersetzter Dokumente:
  - Austauschsystem einrichten
  - Verhinderung der Weiterverwendung überholter Dokumente durch Vernichtung, Kennzeichnung oder Rückgabe an verwaltende Stelle

- Einrichtung eines Ordnungssystems für Dokumente und Unterlagen mit dem Ziel der leichten Wiederauffindbarkeit

5.3. Änderung von Dokumenten und Daten

- Änderung, Überprüfung und Genehmigung der Änderung eines Dokuments durch dieselben Stellen wie bei der Herausgabe (wenn nicht anders festgelegt)

- Gewährleistung des Zugangs zu erforderlichen Informationen für das Personal, das die Änderungen durchführt

- Einrichtung eines Änderungsdienstes für technische Dokumente:
  - schriftliche Festlegung der Zuständigkeiten und Abläufe
  - Grund der Änderung schriftlich festhalten
  - Informieren der von der Änderung betroffenen Stellen

- Ausweisung der Art der Änderung und Angabe des aktuellen Änderungsstandes im Dokument selbst oder in Begleitunterlagen:
  - Kennzeichnungssystem für geänderte Dokumente
  - Rückverfolgbarkeit der durchgeführten Änderungen

- Führung einer Liste, in der sämtliche gültige Unterlagen aufgeführt sind zur Feststellung des aktuellen Änderungsstandes, einschließlich Überwachung, um zu verhindern, daß ungültige Unterlagen verwendet werden

- Sicherstellung der Verteilung der geänderten Dokumente an die betroffenen Stellen und Einzug der durch die Änderung ungültig gewordenen Dokumente

- Festlegung der Anzahl von Änderungen, nach denen ein Dokument neu herausgegeben werden muß und Regelung dieser Neuausgabe

6. Beschaffung

6.1. Allgemeines

- Sicherstellung der Qualität der beschafften Produkte durch:
  - Eingangsprüfungen gemäß Prüfplan
  - Blockierung von ungeprüfter und nicht identifizierter Ware
  - Durchführung von Lieferantenbewertungen

- Festlegen von Verantwortungen und Zuständigkeiten mit entsprechenden Ablaufplänen zur Koordination der Tätigkeiten zur Beschaffung von Produkten einschließlich deren Überprüfung und Beurteilung

- Regelung des Informationsaustausches mit dem Unterlieferanten einschließlich eines Rückmeldesystems im eigenen Unternehmen

- Festlegen, wie das Qualitätswesen bei der Beschaffung von Produkten mit einzubeziehen ist

- Schaffung eines Systems zur Beilegung von Streitigkeiten

6.2. Beurteilung von Unterauftragnehmer

- Beurteilung von Unterauftragnehmer (Unterlieferanten) mittels:
  - System-, Verfahrens- und Produktaudits
  - Zertifizierungen
  - Produktbewertung

- Festlegung von Bewertungskriterien für die Eignung und Auswahl der Unterauftragnehmer

- regelmäßige Beurteilung von:
  - Wareneingangsauswertungen (Prüfergebnisse)
  - Aufzeichnungen über Ausschuß
  - Reklamationsauswertungen
  - Gewährleistungsauswertungen

	CHECKLISTE
6. Beschaffung	Seite 17 von 55

- Wiederholung der Beurteilung insbesondere bei:
  - Produktionsverlagerungen
  - neuen Produktgruppen
  - wiederholtem Auftreten von Qualitätsmängeln

- Führung und regelmäßige Aktualisierung von Aufzeichnungen über die Eignung von Unterauftragnehmer mit:
  - Beurteilungskriterien
  - Bewertungsergebnissen
  - Modus und Kriterien zur Lieferantenauswahl
  - Liste freigegebener Zulieferanten (Lieferantenkartei)

- Auswahl und Überprüfung der Unterauftragnehmer (Unterlieferanten) unter Berücksichtigung der Ergebnisse der Lieferantenbewertung

- Neubeurteilung der Unterauftragnehmer in regelmäßigen Zeitintervallen mit entsprechender Aktualisierung der Lieferantenbewertungsaufzeichnungen

6.3. Beschaffungsangaben

- Beschaffungsunterlagen müssen das bestellte Produkt eindeutig und klar beschreiben

- Festlegung von Form und Inhalt der Beschaffungsunterlagen

- Festlegung der Verantwortung für das Zusammenstellen der Beschaffungsunterlagen

- Folgende Spezifikationen müssen Bestandteil von Bestellungen sein:
  - Produktklassifikation
  - Zeichnungen
  - Werksnormen
  - Anforderungen von Prüfbescheinigungen
  - Qualitätsvereinbarungen bezüglich festgelegter Qualitätsmerkmale
  - anzuwendendes QM-System
  - Arbeits- und Prüfanweisungen
  - Verpackungs- und Versandanweisungen

<table>
<tr><td>6. Beschaffung</td><td align="right">CHECKLISTE
Seite 18 von 55</td></tr>
</table>

- Abstimmung der Spezifikationen mit dem Unterauftragnehmer

- Überprüfung der Bestellunterlagen auf Eindeutigkeit und Vollständigkeit mit anschließender Freigabe

- Einrichten eines Änderungsdienstes:
  - Angabe eines definierten Änderungsstandes
  - Meldung von Änderungen und Fehlern
  - Festlegen des Informationsflusses bei Änderungen

- Regelung zur Sicherstellung der Anerkennung der Bestellung durch den Unterauftragnehmer z.B. durch Anforderung einer Auftragsbestätigung mit entsprechender Gegenprüfung

6.4. Prüfung von beschafften Produkten

- Treffen von schriftlichen Vereinbarungen über die Methoden zur Qualitätsprüfung mit dem Unterauftragnehmer:
  - gegebenenfalls Auslagerung der Abnahmeprüfung zum Unterauftragnehmer und Verzicht auf Eingangsprüfungen
  - Festlegen von Prüfverfahren, Prüfmittel und Prüfablauf
  - Nachweis der Prüfergebnisse

- Regelung der Zuständigkeiten und Vorgehensweise bei der Durchführung von Eingangsprüfungen einschließlich Dokumentation, Kennzeichnung und eventueller Sperrung der Ware, sowie deren Freigabe (siehe 10.2.)

- Berücksichtigung der Ergebnisse der Eingangsprüfung bzw. der Lieferantenbewertung bei der Bestimmung der Prüfschärfe für die nächste Lieferung

7. Lenkung der vom Kunden beigestellten Produkte	**CHECKLISTE** Seite 19 von 55

7. Lenkung der vom Kunden beigestellten Produkte

- Festlegung der Behandlung von beigestellten Produkten bezüglich:
  - Prüfung
  - Lagerung
  - Instandhaltung
  - Kennzeichnung

- Überprüfung beigestellter Produkte nach Eingang hinsichtlich:
  - Identität und Übereinstimmung mit den Lieferpapieren
  - Menge bzw. Vollzähligkeit
  - Anlieferungszustand bzw. Transportschäden
  - eventuell auftretender Abweichungen während des Verarbeitungsablaufs

- Dokumentation der vorhandenen Abweichungen mit anschließender Information des Auftraggebers

- Meldung von Verlust, Beschädigung oder Unbrauchbarkeit der beigestellten Produkte an den Auftraggeber

- Treffen von schriftlichen Vereinbarungen über die Behandlung beigestellter Produkte mit dem Auftraggeber bezüglich:
  - Durchführung von Eingangsprüfungen
  - Koordination des Bearbeitungs- und Montageablaufs
  - erforderliche Prüfnachweise
  - Regelung der Gewährleistung und Haftung

- Verpflichtung des Auftraggebers zur Lieferung qualitativ hochwertiger Produkte

8. Kennzeichnung und Rückverfolgbarkeit von Produkten

- Sicherstellung der Zuordnung von Produkt zu Dokument in allen Phasen der Produktherstellung und Lieferung:
  - Verfahren und Verantwortung zur Kennzeichnung festlegen
  - Kennzeichnung in Produktion und Montage, vom Wareneingang bis zum Versand, einschließlich Transport und Lagerung
  - Verhinderung von Verwechslungen durch zweckmäßige Kennzeichnung

- Anbringung der Kennzeichnung unmittelbar am Produkt bzw. Behältnis derart, daß Verlust oder Beschädigung der Kennzeichnung verhindert wird

- Ableitbarkeit folgender Daten aus der Kennzeichnung:
  - Herstelldatum
  - Prüfer
  - Material- bzw. Fertigungscharge
  - Chargennummer
  - Schichtkennzeichen
  - Fertigungseinrichtung
  - Stammdaten (Teilenummer, Änderungsstand)
  - Prüfstatus

- Kennzeichnung mittels:
  - Warenbegleitpapiere
  - Anhänger oder Etiketten
  - Stempel oder Markierungen
  - Prüfprotokolle

- Schriftliches Festhalten der Kennzeichnung der Produkte und Lose in den zugehörigen Unterlagen

- Festlegung eines dokumentierten Verfahrens für die Verwaltung von persönlichen Kennzeichnungsstempel:
  - Art der Stempel
  - Ausgabe der Stempel
  - Vorgehensweise bei Verlust
  - Entzug der Stempel

	CHECKLISTE
8. Kennzeichnung und Rückverfolgbarkeit von Produkten	Seite 21 von 55

- Risikoabschätzung und entsprechenden Grad der Rückverfolgbarkeit mit dem Kunden absprechen

- Einrichten eines Systems zur Rückverfolgbarkeit von Produkten hinsichtlich:
  - Herkunft von Material und Teilen
  - Verarbeitungsgeschichte
  - Verteilung des Produkts nach Auslieferung

- Rückverfolgbarkeit z.B. mittels First-in-first-out-Prinzip:
  - Verhinderung der Vermischung von Produkten mit unterschiedlichem Produktionsdatum oder Änderungsstand
  - Einhaltung muß in allen Fertigungsbereichen gewährleistet sein

- Rückverfolgbarkeit z.B. mittels Trennung von Fertigungslosen und Chargen:
  - transparenter Materialfluß und Materialdisposition
  - Kennzeichnung und Trennung muß in allen Bereichen aufrechterhalten werden

- Rückverfolgbarkeit der angelieferten Produkte zu den Zulieferanten:
  - entsprechend Risikoabschätzung
  - über Liefer-, Chargen- oder Auftragsnummer
  - Eingrenzung fehlerhafter Einheiten zur Schadensbegrenzung
  - Zukaufprodukte, für die Rückverfolgbarkeit verlangt wird, müssen schriftlich definiert werden

- Entwicklung eines Verfahrens zur Rückverfolgbarkeit, um einen eventuell notwendigen Produktrückruf zu erleichtern

9. Prozeßlenkung

- Planung beherrschter Bedingungen für Fertigungs- und Montageverfahren

- Zuständigkeit für die Planung

- Festlegen der für die Planung notwendigen Ausführungsunterlagen
  - Verfahrensanweisungen
  - Fertigungspläne
  - Arbeitspläne und -anweisungen
  - Prüfpläne und -anweisungen
  - Qualitätsregelkarten
  - Prozeß- und Maschinenabnahmeprotokolle

- Planung unter Berücksichtigung von:
  - Qualitätsforderungen
  - Herstellverfahren
  - Fertigungsausrüstung
  - Prozeßparameter
  - verarbeitungsgerechtes Material
  - Stammdaten (z.B. Zeichnungsnummer, Änderungsstand)

- Kriterien für Arbeitsausführung festlegen

- Vorgaben, wie bei nicht nachgewiesener Prozeßfähigkeit die Erfüllung der Qualitätsforderungen sicherzustellen ist

- Festlegen von Bedingungen für die Freigabe zur Serienfertigung bei Neuteilen oder Änderungen

- Durchführung von verfahrenstechnischen Untersuchungen zur Ermittlung der Maschinen- bzw. Prozeßfähigkeit

- Die Maschinenfähigkeit ist bei Neuanschaffung vom Maschinenhersteller oder vom Abnehmer vor dem Einsatz nachzuweisen

9. Prozeßlenkung	**CHECKLISTE** Seite 23 von 55

- Die Prozeßfähigkeit ist für Produktmerkmale und Prozeßparameter, die wesentlichen Einfluß auf die Produktqualität haben, nachzuweisen

- Wichtige Produktmerkmale sind in Abstimmung mit dem Kunden festzulegen

- Dokumentation der Untersuchungsergebnisse in entsprechenden Unterlagen (z.B. QRK, SPC)

- Bei nicht vorhandener Prozeßfähigkeit ist die Erfüllung der Qualitätsforderungen durch entsprechende Maßnahmen sicherzustellen, wie z.B.:
  - 100%-Prüfung
  - Toleranzänderung
  - konstruktive Änderungen

- Wiederholung der Fähigkeitsuntersuchung in folgenden Fällen:
  - bei einem Neuteileauftrag (neue Werkzeuge oder Einrichtungen)
  - bei der Einengung von Toleranzen
  - bei der Änderung des Fertigungsablaufs
  - nach einer Instandsetzung
  - nach einer Maschinenverlagerung
  - nach einer längeren Produktionsunterbrechung

- Erstellung von schriftlichen Arbeitsanweisungen zur Festlegung der Produktion und Montage

- Festlegen, welche Fertigungs- und Montageschritte nach Arbeitsanweisungen durchgeführt werden müssen

- Arbeitsanweisungen müssen mindestens die Art und Weise sowie die Reihenfolge der Fertigungs- und Montageschritte enthalten

- Festlegen der erforderlichen Prüfschritte (siehe 10. Prüfungen)

- Prüfanweisungen für das Fertigungspersonal erstellen

- Freigabe, Bereitstellung, Änderung der Anweisungen (siehe 5. Lenkung der Dokumente und Daten)

CHECKLISTE
Seite 24 von 55

- Bereitstellung und Benutzung geeigneter und einwandfrei arbeitender Fertigungs- und Montageeinrichtungen

- Fertigungs- und Montageeinrichtungen sind regelmäßig auf Eignung zu überprüfen (Instandhaltung):
  - Wartung
  - Inspektion
  - Instandsetzung

- Führen eines Instandhaltungsplans für alle Einrichtungen unter Berücksichtigung folgender Aspekte:
  - erforderliche Arbeiten
  - zeitliche oder stückzahlmäßige Abhängigkeit
  - Dokumentation der durchgeführten Arbeiten
  - Fälligkeitsdatum
  - Verschleißaufzeichnungen

- Darstellung der vorbeugenden Instandhaltung in einer zeitlich gegliederten Übersicht, z.B.:
  - Wandtafel
  - Datei
  - Kartei

- Zweckmäßige Lagerung und Schutz der Fertigungs- und Prüfmittel während der Benutzungspausen

- Teilegebundene Werkzeuge und Prüfmittel müssen einen definierten Freigabe- bzw. Änderungsstand aufweisen

- Der Freigabestatus muß im Betriebsmittellager bzw. der Werkzeugausgabe durch folgende Markierungen unterschieden werden:
  - produktionsbereit
  - noch zu überprüfen
  - noch instandzusetzen

- Sicherstellen geeigneter Arbeitsbedingungen

- Festlegung der Verantwortung zur Schaffung geeigneter Arbeitsbedingungen

<table>
<tr><td>9. Prozeßlenkung</td><td>CHECKLISTE
Seite 25 von 55</td></tr>
</table>

- Berücksichtigung folgender Aspekte:
  - Lichtverhältnisse der Arbeits- und Prüfplätze
  - Reinheit, Sauberkeit, Ordnung
  - Temperaturverhältnisse
  - Geräusch, Lärmschutzmaßnahmen
  - Arbeitskleidung
  - Werkzeuge
  - Arbeitsanweisungen
  - Fertigungs- und Transportmittel
  - Montagevorrichtungen
  - Hilfsmittel
  - räumliche Verhältnisse, Abmessungen der Arbeitsplätze
  - Arbeitsplatzgestaltung
  - übersichtliche Kennzeichnungssysteme
  - geordneter Materialfluß
  - zweckmäßige Entsorgungsbehältnisse
  - angemessene Lagerbedingungen

- Erfüllung der Normen, Regelwerke und QS-Vorgaben.

- Normen, Regelwerke und QS-Vorgaben sind in den Arbeitsanweisungen aufzuführen und zu erfüllen

- Qualitätslenkung und -überwachung anhand geeigneter Prozeß- und Prüfmerkmale während Produktion und Montage, d.h. begleitend.

- Anwendung von Techniken zur Qualitätslenkung, wie z.B.:
  - statistische Stichprobenverfahren
  - Stichprobenpläne
  - Qualitätsregelkarten
  - Statistische Prozeßregelung
  - Prozeßfähigkeituntersuchungen
  - Überwachung der Prozeßparameter

- Aufzeichnung der Fertigungsparameter der Prozesse (z.B. Druck, Temperatur, Zeit)

- Einfluß der Parameter vor Beginn der Serienfertigung untersuchen

- Überwachung der Arbeitsschritte durch Muster oder Vorarbeiten

- Auswahl der Prüfgeräte entsprechend Prüfaufgabe (siehe Prüfungen)

- Überwachung der Prüfgeräte auf Genauigkeit (siehe Prüfmittelüberwachung)

- Durchführung von Prüfungen durch das Fertigungs- und Montagepersonal (Selbstprüfung)

- Beurteilung und Freigabe der Prüfergebnisse durch das Qualitätswesen

- Erstellung von Verfahrensanweisungen zur Qualitätslenkung und -überwachung mit folgendem Inhalt:
  - Anweisungen an das Arbeitpersonal
  - Abläufe
  - Vorgaben

- Dokumentation der Überwachungsergebnisse

- Dokumentation der Abweichungen und der eingeleiteten Maßnahmen

- Genehmigung von Prozessen und Einrichtungen, d.h. Freigabe zur Anwendung.

- Die Befugnis zur Freigabe von Prozessen und Einrichtungen hat nur das Qualitätswesen

- Das System zur Freigabe zur Serienfertigung ist schriftlich festzulegen

- Die Freigabe ist erforderlich für den Prozeß und das Produkt

- Dokumentation der Freigabeprüfung einschließlich Ergebnis

- Berücksichtigung folgender Aspekte bei der Freigabe zur Serienfertigung:
  - Vollständigkeit der Einrichtungen und Unterlagen für Fertigung und Prüfung
  - Regelung der Freigabe nach dem Rüsten
  - Behandlung von Vorlaufprodukten und Einstellschrott
  - Nachweis der Freigabe vor Ort
  - Prozeßparameter schriftlich festlegen und einstellen

---

9. Prozeßlenkung	**CHECKLISTE** Seite 27 von 55

- Festlegen eines Systems zur Freigabe der Serienfertigung bei neuen Produkten und bei Änderungen an Produkten (Erstmusterfreigabe)

- Anforderung von Erstmuster durch den Abnehmer mit Auftrag und Terminangabe beachten

- Abnehmer informieren und Freigabe erwirken

- Erstmuster sind grundsätzlich erforderlich bei:
  - neuen Produkten
  - Änderungen der vereinbarten Spezifikationen

- Entnahme der Erstmuster bei:
  - Fertigung mit mehreren gleichen Werkzeugen aus jedem Werkzeug
  - einer Vielfachform aus jedem Formnest

- Informationspflicht des Lieferanten vor der ersten Serienfertigung an den Kunden bei:
  - Änderungen von Fertigungsverfahren und oder Fertigungsbedingungen
  - Wechsel von Fertigungsstätten
  - längerem Aussetzen der Fertigung

- Bei Ablehnung von Erstmuster, Erwirken einer Nachbemusterung

- Erstmusterprüfbericht an zuständige Stelle leiten

- Bedingungen für die Freigabe zur Serienfertigung bei neuen und geänderten Produkten und Prozessen festlegen

- Produktionsfaktoren zur Freigabe der Serienfertigung:
  - Spezifikationen, Zeichnungen, Rezepturen
  - Prüfanweisungen, QRK
  - Nachweis der Prozeßfähigkeit
  - Fertigungspläne und Prozeßdaten
  - Materialien und Zulieferprodukte
  - maschinelle Einrichtungen, Betriebsmittel, Prüfmittel
  - Organisationsabläufe
  - Planung der vorbeugenden Instandhaltung
  - qualifiziertes Personal

- Festlegung der Freigaberegelungen und der Art der Dokumentation z.B. in Form einer Checkliste

- Vorgabe von Kriterien für die Arbeitsausführung, möglichst mittels Anweisung oder typischer Muster.

- Festlegung der Kriterien für die Arbeitsausführung in schriftlicher Form

- Anforderungsgerechte Ausbildung des Fertigungs- und Montagepersonals für die auszuführenden Arbeitsschritte (siehe Schulung)

- Verwendung von Referenzmustern für Fertigung, Montage und Prüfung

- Festlegung von Arbeitsplatz und Maschinentyp im Arbeitsplan bzw. in der Arbeitsanweisung

- Spezielle Prozesse sind:
  DIN: „Spezielle Prozesse sind Prozesse, deren Ergebnisse durch nachträgliche Qualitätsprüfungen am Produkt nicht in vollem Umfang verifiziert werden können, so daß z.B. Fehler im Prozeß erst nachgewiesen werden, nachdem das Produkt in Betrieb genommen wurde."
  Spezielle Prozesse sind z.B.:
  - Urformen
  - Biegeumformen
  - An- und Einpressen
  - Fügen durch Umformen
  - Fügen durch Schweißen und Löten
  - Beschichten

- Überwachung der speziellen Prozesse durch Selbstprüfung

- Prozeßparameter regelmäßig auf Eignung überprüfen

- Zuständigkeit: Qualitätswesen

- Überwachung der Meß- und Regeleinrichtungen

- Entsprechende Ausbildung des Personals

	CHECKLISTE
9. Prozeßlenkung	Seite 29 von 55

- Verantwortliche Aufsichtsperson bestimmen

- Erstellen von Verfahrensanweisungen für spezielle Prozesse

- Verfahrensanweisungen:
  - auf neuestem Stand halten
  - am Arbeitsplatz bereitstellen
  - auf Einhaltung überprüfen

- Absicherung (Qualifikation) spezieller Prozesse

- Durchführen von Prozeßfähigkeitsuntersuchungen

- Schriftliche Festlegung der Prozeßparameter

- Bei Anwendung von Verfahren, die einer Zulassung bedürfen Führen und Aktualisieren der Zulassungsbescheinigungen

- Verfahren zur Qualifizierung (Erprobung) spezieller Prozesse einschl. Zuständigkeiten schriftlich festlegen und auf Anwendung überprüfen

- Führen und Aufbewahren von Aufzeichnungen über die Qualifikation von speziellen Prozessen, Einrichtungen und Personal.

- Festlegen der Verantwortung für Führung und Aufbewahrung

- Festlegen der Aufbewahrungszeit

10. Prüfungen

10.1. Prüfplanung

- Inhalt der Prüfpläne bzw. Verfahrensanweisungen:
  - Prüf- bzw. Qualitätsmerkmale
  - Annahmekriterien (Soll- bzw. Grenzwerte)
  - Prüfhäufigkeit
  - Prüfumfang
  - Prüfmittel
  - Prüfort
  - Prüfverantwortlicher
  - Prüfmethode
  - Prüfablauf
  - Dokumentation
  - Auswertung der Ergebnisse

- Zuständigkeit für die Erstellung der Prüfpläne festlegen

- Einarbeitung aktueller Informationen (Aktualisierung)

- Verwaltung der Prüfpläne (Änderungsstand)

- Wo es notwendig ist: Erstellung von Prüfablaufplänen (Def.: produktbezogene Darstellung aller Qualitätsprüfungen vom Wareneingang bis zum Versand)

- Notwendigkeit für Prüfablaufpläne in Abhängigkeit von:
  - Komplexität des Produktes
  - Fertigungsprozeß
  - Fertigungstiefe

	CHECKLISTE
10. Prüfungen	Seite 31 von 55

10.2. Eingangsprüfungen

- Erstellung von Verfahrensanweisungen zur Behandlung von zugelieferten Produkten zur Regelung der Zuständigkeiten und Abläufe

- Betreuung des Zulieferanten mit dem Zweck:.
  - Minimierung der Reklamationsfälle
  - Gewährleistung eines hohen Qualitätsstandards
  - Reduzierung der Eingangsprüfung

- Durchführung der Eingangsprüfung gemäß Prüfplan:
  - Identitätsprüfung
  - Stichprobenprüfung
  - 100%-Prüfung

- Schärfe der Wareneingangsprüfung in Abhängigkeit von:
  - Anlieferqualität, d.h. Ergebnis der Lieferantenbewertung
  - Ergebnis durchgeführter Systemaudits beim Lieferanten

- periodische Gegenprüfung der Prüfbescheinigungen des Zulieferanten

- Erfassung aller zugelieferten Produkte durch Wareneingangsmeldungen:
  - Festlegung der Verantwortung für die Annahme der Produkte und das Ausstellen der Wareneingangsmeldung
  - Informieren der Qualitätssicherung über die Wareneingänge

- Kennzeichnung aller zugelieferten Produkte:
  - Identität der Lieferlose
  - Unterscheidung geprüftes und ungeprüftes Los

- Blockierung ungeprüfter und nicht identifizierter Waren:
  - durch entsprechende Kennzeichnung
  - durch getrennte Lagerung (Sperrlager)

- Bei Verwendung der angelieferten Produkte vor Abschluß der Prüfungen ist eine Sonderfreigabe zu erwirken und ein Verfahren zur Behandlung bei im nachhinein festgestellten Fehlern festzulegen

- Regelung der Abläufe bei Qualitätsabweichungen

- Führen von Qualitätsnachweisen:
  - Ergebnisse der Eingangsprüfung
  - Bestätigungen der Zulieferanten

- Sachnummernbezogene Dokumentation der Prüfergebnisse:
  - Art und Umfang aller Prüfungen
  - Zeitpunkt des Wareneingangs
  - Prüfumfang (Anzahl gelieferte und geprüfte Produkte bzw. Merkmale)
  - Prüfergebnisse (gemessene Werte, Ausschußmengen, Fehlerarten)
  - Prüfentscheidung (Weiterbehandlung der Produkte)
  - Datum und Name des Prüfers

- Ergebnisse der Wareneingangsprüfung sind der für die Lieferantenbeurteilung verantwortlichen Stelle mitzuteilen

10.3. Zwischenprüfung

- Erstellung von Verfahrensanweisungen zur Prozeßüberwachung und -lenkung durch Zwischenprüfungen zur Regelung der Zuständigkeiten und Abläufe

- Produktionsbegleitende Prüfung (SPC) mit dem Zweck:
  - rechtzeitiges Erkennen von Abweichungen
  - rechtzeitige Korrektur
  - Verhinderung der Weiterverarbeitung fehlerhafter Produkte

- Durchführung der Zwischenprüfung gemäß Prüfplan

- Überwachung kritischer Prozesse und Prüfverfahren durch qualifiziertes Aufsichtspersonal

- Festlegung der Verantwortung für erforderliche Korrekturen der Prozesse

- Wo es sinnvoll erscheint: Einführung der Selbstprüfung

<table>
<tr><td>10. Prüfungen</td><td align="right">CHECKLISTE
Seite 33 von 55</td></tr>
</table>

- Kennzeichnung fehlerhafter Produkte:
  - Identifikation
  - Sperrung
  - Freigabe nur durch die Qualitätssicherung
  - Wiederholprüfung bei Nacharbeit

- Freigabe zur Weiterverarbeitung erst nach Abschluß der erforderlichen Prüfungen und bei Vorlage der benötigten Berichte:
  - Überprüfung der Prüfergebnisse auf Vollständigkeit und Richtigkeit
  - Freigabe durch die Qualitätssicherung
  - Dokumentation der Freigabe

- Führen von Aufzeichnungen mit dem Zweck:
  - Ursachenfeststellung
  - Aufzeigen von Trends
  - Ermöglichen gezielter Abstellmaßnahmen

- Führen von Qualitätsnachweisen über Ergebnisse aus:
  - Freigabe zur Serienfertigung bzw. Rüstprüfung
  - Prozeßüberwachung und -regelung
  - Losprüfung

- Dokumentation der Ergebnisse gemäß Prüfplan in entsprechenden Unterlagen, wie z.B.:
  - Meßprotokolle
  - Urwertaufschreibungen
  - Fehlersammelkarten
  - Qualitätsregelkarten

10.4. Endprüfungen

- Erstellung von Verfahrensanweisungen für die Endprüfung von Produkten zur Regelung der Zuständigkeiten und Abläufe

- Abschluß aller anderen Prüfungen sicherstellen

- Durchführung der Endprüfung gemäß Prüfplan:
  - zum Nachweis der Erfüllung der vorgegebenen Forderungen
  - Prüfung auf Vollständigkeit und Richtigkeit aller durchgeführten Prüfschritte

- Freigabe zum Versand durch die Qualitätssicherung einschließlich Dokumentation der Prüfergebnisse

- Führen von Qualitätsnachweisen über Ergebnisse aus:
  - Endprüfungen
  - Abnahmeprüfungen
  - Produktaudits
  - Zuverlässigkeitsprüfungen

- Führen von Prüfaufzeichnungen zum Nachweis, daß das Produkt alle Prüfungen mit festgelegten Abnahmekriterien bestanden hat:
  - Festlegen, welche Prüfnachweise der Kunde erhält
  - Verantwortung für das Zusammenstellen der kundenspezifischen Prüfnachweise festlegen

<table>
<tr><td>11. Prüfmittelüberwachung</td><td align="right">CHECKLISTE
Seite 35 von 55</td></tr>
</table>

11. Prüfmittelüberwachung

11.1. Allgemeines

- Feststellung aller zur Überprüfung und Erhaltung der Produktqualität erforderlichen Prüfmittel und Prüfvorrichtungen

- Überwachung, Kalibrierung und Instandhaltung folgender Prüfmittel:
    - Standardprüfmittel
    - Lehren
    - Meßfühler
    - Meßwertaufnehmer
    - spezielle Prüfeinrichtungen
    - zugehörige Computersoftware
    - Vorrichtungen
    - Prüfaufnahmen
    - prozeßüberwachende Instrumente

- Einrichtung eines Prüfmittelüberwachungssystems mit zugehöriger Dokumentation in Form von Verfahrensanweisungen unter Berücksichtigung folgender Gesichtspunkte:
    - Erstprüfung und Freigabe neuer Prüfmittel
    - Aufnahme der Prüfmittel im Bezugsquellenverzeichnis
    - Prüfvorschriften mit Festlegung der Prüfintervalle
    - Anbindung an nationale Normen
    - interne bzw. externe Überwachungsstelle
    - Bezugsnormale
    - Einstellmeister
    - Überwachung beigestellter Prüfmittel
    - Festlegung der Prüfintervalle in Abhängigkeit von Verschleiß und Einsatzhäufigkeit
    - Überprüfung bei Änderung, Beschädigung, Verdacht auf Falschanzeige

- Vorschreiben einer Eingangsprüfung für neue Prüfmittel

<table>
<tr><td>11. Prüfmittelüberwachung</td><td>CHECKLISTE
Seite 36 von 55</td></tr>
</table>

- Festlegung von Verfahren für:
  - Erfassung und Kennzeichnung von Prüfmitteln
  - Überwachung der Prüfmittel
  - Festlegung der Kalibrierintervalle
  - Lagerung und Behandlung der Prüfmittel
  - Aussonderung und Kennzeichnung fehlerhafter bzw. ungültiger Prüfmittel

- Führung einer Prüfmittel-Datei bzw. -Kartei mit allen für die Überwachung und Prüfung erforderlichen Daten

- Einrichten eines Abrufsystems mit dem Ziel einer termingerechten Durchführung der Kalibrierung

- Meßunsicherheit der Prüfmittel muß bekannt sein und mit der geforderten Meßgenauigkeit vereinbar sein

- Auswahl und Zuordnung geeigneter Prüfmittel mit entsprechender Genauigkeit zu der jeweiligen Prüfaufgabe einschließlich Dokumentation in Prüfplänen bzw. Prüfanweisungen

- Freigabekriterien für die jeweiligen Prüfmittel festlegen

- Prüfmittel müssen vor der Benutzung in Produktion bzw. Montage freigegeben werden, d.h. geprüft und als geeignet befunden werden

- Unterweisung des Prüfpersonals um eine sachgerechte Benutzung zu gewährleisten

	CHECKLISTE
11. Prüfmittelüberwachung	Seite 37 von 55

11.2. Überwachungsverfahren

- Sicherstellung der Eignung von Meßwerten, Meßbereichen, Skaleneinteilung und Genauigkeitsklasse

- Kennzeichnung aller Prüfmittel:
  - Verfahren zur Überwachungskennzeichnung
  - Kennzeichnung einschließlich Gültigkeitszeitraum bzw. nächstem Überwachungstermin
  - Kennzeichnung nichtkalibrierter Prüfmittel

- Festlegen, ob Kalibrierung bzw. Justierung der Prüfmittel extern oder intern erfolgt

- Erstellen von Kalibrier- bzw. Justieranweisungen unter Berücksichtigung der entsprechenden Normen

- Kalibrier- bzw. Justieranweisungen enthalten Informationen über:
  - Gerätetyp
  - Identifikationsnummer
  - Standort
  - Einsatzhäufigkeit
  - Kalibrier- bzw. Justiermethode
  - Freigabekriterien
  - Maßnahmen bei nicht zufriedenstellenden Ergebnissen

- Festlegung und Überwachung geeigneter Umgebungsbedingungen (z.B. Lufttemperatur und -feuchtigkeit) bei der Kalibrierung bzw. Justierung

- Regelung der Beseitigung nicht mehr kalibrier- bzw. justierbarer Prüfmittel

- Verwendung von Vergleichsgeräten mit anerkannten Bezugsnomalen, ggf. Zertifizierung der Vergleichsgeräte

- Dokumentation der Ergebnisse der Kalibrierung bzw. Justierung einschließlich festgestellter und korrigierter Werte

CHECKLISTE
Seite 38 von 55

- Dokumentation der Grundlage der Kalibrierung bzw. Justierung, wenn keine Normale existieren

- Aufbewahrung dieser Unterlagen über den festgelegten Aufbewahrungszeitraum

- Rückverfolgbarkeit der für eine Prüfung verwendeten Prüfmittel

- Meldepflicht beim Auftreten von Fehlern und Schäden an Prüfmitteln

- Informieren des Qualitätswesens bzw. der Prüfstelle für Prüfmittel bei Feststellung von wesentlichen Abweichungen

- Bewertung und Dokumentation der Gültigkeit von Ergebnissen vorausgegangener Qualitätsprüfungen bei Feststellung eines fehlerhaften Prüfmittels

- Sicherstellung einer angemessenen Handhabung, ausreichendem Schutz und entsprechender Lagerung der Prüfmittel zur Aufrechterhaltung von Genauigkeit und Gebrauchsfähigkeit

- Sicherung der Prüfmittel gegen Veränderungen der Einstellungen, die die Kalibrierung bzw. Justierung ungültig machen könnten

12. Prüfstatus

- Kennzeichnung des Prüfzustandes (Ergebnis der Qualitätsprüfung) unmittelbar am Produkt oder mittels produktbegleitender Unterlagen

- Kennzeichnung anhand zugelassener und registrierter Markierungen der folgenden Prüfzustände:
  - noch nicht geprüft
  - geprüft und freigegeben
  - geprüft aber noch nicht freigegeben
  - geprüft und zurückgewiesen

- Einrichten eines Kennzeichnungssystems:
  - Festlegung der Kennzeichnungsmittel
  - Identifizierung und Registrierung der verwendeten Prüfstempel
  - Festlegen der Berechtigung zur Durchführung der Kennzeichnung
  - Festlegen der Berechtigung zur Änderung oder Entfernung der Kennzeichnung des Prüfzustandes

- Kennzeichnung des Prüfzustandes während der Fertigung und Montage einschließlich der Lagerbereiche

- Kennzeichnung der Freigabe erst nach positivem Abschluß der Prüfung:
  - Prüfbefugnis für die Freigabe muß aus Protokollen ersichtlich sein
  - Kennzeichnung der Versandbereitschaft erst nach Abschluß aller Prüfungen
  - Freigabe der Kennzeichnung fertiger Produkte durch das Qualitätswesen

13. Lenkung fehlerhafter Produkte

13.1. Allgemeines

- Regelung der Behandlung fehlerhafter Einheiten:
    - Meldepflicht der Mitarbeiter bei auftretenden Fehlern (Einrichten eines Fehlermeldesystems)
    - Festlegen an welche Stelle die Meldung erfolgen muß
    - Formulare für die Meldung von Fehlern
    - Festlegung der Verantwortung für die Koordination des Vorgehens bei Feststellung von Fehlern (Entscheidung über Maßnahmen)

- Eingrenzung fehlerhafter Einheiten:
    - Aussonderung fehlerhafter Produkte
    - Trennung guter und fehlerhafter Produkte
    - Verhindern der irrtümlichen Weiterbehandlung fehlerhafter Produkte

- Kennzeichnung fehlerhafter Produkte als gesperrt mittels:
    - Anhänger oder Markierungen
    - spezieller Behälter
    - Sperrlager

- Einführung eines geregelten Ablaufs beim Auftreten fehlerhafter Produkte hinsichtlich:
    - Dokumentation der Fehler
    - Beurteilung der Fehler
    - Information der betroffenen Stellen
    - Maßnahmen zur Vermeidung von Wiederholungen

<table>
<tr><td>13. Lenkung fehlerhafter Produkte</td><td>CHECKLISTE
Seite 41 von 55</td></tr>
</table>

13.2. Bewertung und Behandlung fehlerhafter Produkte

- Regelung der Weiterbehandlung fehlerhafter Einheiten anhand schriftlicher Verfahrensanweisungen und entprechender Dokumentation

- Berücksichtigung folgender Weiterbehandlungsmöglichkeiten:
  - Rücklieferung
  - Nacharbeit
  - Sonderfreigabe
  - Verschrottung
  - Neueinstufung für andere Verwendungen

- Unterscheidung von geringfügigen und schwerwiegenden Fehlern und demgemäß unterschiedlicher Weiterbehandlung

- Festlegung von Fehlerkategorien bezüglich Fehler an:
  - kritischen Merkmalen
  - Hauptmerkmalen
  - Nebenmerkmalen

- Festlegung der Verantwortung für die Einstufung der Fehlerkategorien

- Verfahren, Zuständigkeiten und Dokumentation für Entscheidungen über Verwendbarkeit, Nacharbeit oder Reparatur festlegen:
  - Nacharbeit an zugelieferten Teilen (z.B. Transportschäden) nur in Abstimmung mit dem Zulieferer
  - fehlerhafte Produkte dürfen nicht ohne Zustimmung des Qualitätswesens weiterverarbeitet werden
  - Reparaturen nach schriftlichen Anweisungen anhand erprobter und anerkannter Reparaturverfahren

- Festlegung einer Regelung für die gegebenenfalls erforderliche Zustimmung des Kunden bei Verwendung oder Reparatur fehlerhafter Produkte:
  - Form der Benachrichtigung des Kunden festlegen
  - Verantwortung für das Einholen der Zustimmung des Kunden
  - Weiterverarbeitung bzw. -verwendung der fehlerhaften Produkte erst nach Einholen der Zustimmung des Kunden

- Vorgehensweise im Fall einer Sonderfreigabe festlegen:
  - Abläufe bei Sonderfreigaben
  - Verantwortung bzw. Zuständigkeit festlegen
  - Informationsfluß festlegen
  - gegebenenfalls besondere Kennzeichnung derartiger Produkte

- Dokumentation der akzeptierten Fehler, Reparaturen und der tatsächlichen Beschaffenheit der Produkte einschließlich:
  - Nacharbeitsprüfberichte
  - Produktverfügung bzw. -weiterbehandlung
  - Sonderfreigaben
  - gegebenfalls entstehender Bauabweichungen

- Festlegung von Maßnahmen zum Nachweis der festgelegten Qualitätsmerkmale nach Änderungen oder Reparaturen

- Durchführung einer Wiederholungsprüfung bei reparierten oder nachgearbeiteten Produkten

<table>
<tr><td>14. Korrektur- und Vorbeugungsmaßnahmen</td><td>CHECKLISTE
Seite 43 von 55</td></tr>
</table>

14. Korrektur- und Vorbeugungsmaßnahmen

14.1.Allgemeines

- bei den Verfahrensanweisungen im QM-Handbuch ist zu unterscheiden zwischen:
  - Vorbeugungs- (Fehlerverhütungs-) maßnahmen (Beseitigung eines möglichen, potentiellen Fehlers)
  - Korrekturmaßnahmen (Beseitigung eines aufgetretenen Fehlers)

- Festlegung der Zuständigkeiten für die Veranlassung, Durchführung, und Überwachung von Korrektur- und Vorbeugungsmaßnahmen:
  - schriftlich festlegen, wer Korrektur- bzw. Vorbeugungsmaßnahmen anordnen kann
  - das Qualitätswesen sollte die Befugnis zur Durchsetzung der Korrektur- und Vorbeugungsmaßnahmen haben
  - Kriterien für das Einleiten von Korrektur- bzw. Vorbeugungsmaßnahmen festlegen
  - Verantwortung für Koordinierung, Protokollierung und Überwachung von Korrektur- und Vorbeugungsmaßnahmen festlegen
  - regelmäßige Fehlerbesprechungen mit Protokoll durchführen
  - klare Ablauforganisation gewährleistet systematische und schnelle Abarbeitung und Wirksamkeit der Korrektur- bzw. Vorbeugungsmaßnahme
  - Korrektur- und Vorbeugungsmaßnahmen können sich auch auf Lieferanten erstrecken

- Führung einer Dokumentation zur Bewahrung des erarbeiteten Wissens zur Fehlervermeidung hinsichtlich:
  - Ergebnisse der Ursachenanalyse
  - Ableiten von Abstellmaßnahmen
  - Nachweis der Durchführung der Korrekturmaßnahmen

- Einleitung von dem Risiko entsprechenden vorbeugenden Fehlerverhütungsmaßnahmen unter Berücksichtigung der:
  - Bedeutung des Fehlers
  - Häufigkeit des Fehlers
  - Erkennbarkeit des Fehlers

<table>
<tr><td>14. Korrektur- und Vorbeugungsmaßnahmen</td><td>**CHECKLISTE**
Seite 44 von 55</td></tr>
</table>

14.2. Korrekturmaßnahmen

- Einrichtung von Verfahren zum:
  - Auffinden der Fehlerursache
  - Einleiten von Korrekturmaßnahmen zur Vermeidung von Wiederholungen

- Festlegung der Vorgehensweise zur Beseitigung von Problemen:
  - Ursachenanalyse (bezügl. Produkt, Prozeß und QM-System)
  - Abstellmaßnahmen und Verantwortung festlegen
  - betroffene Stellen informieren und einbeziehen
  - Kontrollmechanismen bestimmen
  - Führen von Aufzeichnungen über Untersuchungsergebnisse

- Analyse zum Auffinden von Fehlerursachen unter Einbeziehung von:
  - Reklamationen, Kundendienstberichten
  - Qualitätsaufzeichnungen über Auftreten und Arten von Ausfällen und Arbeitsvorgängen
  - Kundenerwartungen, Produktspezifikationen
  - beim Gebrauch auftretende Probleme
  - Berichte über Produktfehler

- Erfassung von Qualitätsdaten und Auswertung aller Fehlerdaten im Hinblick auf Trends z.B. mit folgenden Methoden:
  - Pareto-Analyse (ABC-Analyse)
  - Histogramme
  - Qualitätsregelkarten
  - Fehlersammelkarten

- falls Korrekturmaßnahmen es erfordern müssen bestehenden Verfahren einschließlich dazugehöriger Anweisungen geändert werden

- Überwachung der Durchführung und Wirksamkeit der Korrekturmaßnahmen

<table>
<tr><td>14. Korrektur- und Vorbeugungsmaßnahmen</td><td>CHECKLISTE
Seite 45 von 55</td></tr>
</table>

14.3. Vorbeugungsmaßnahmen

- Fehlererfassung und -dokumentation in Entwicklung, Produktion, Instandhaltung und während der Nutzungsphase

- Einrichtung eines Informationssystems um alle betroffenen Stellen über Fehler zu informieren (Organisationsablauf für Beanstandungsberichte)

- Festlegung von Verfahren zur Feststellung von Fehlerschwerpunkten mit Klassifizierung der Fehler bezüglich:
  - Produktionskosten
  - Qualitätskosten
  - Leistung
  - Zuverlässigkeit
  - Sicherheit
  - Kundenzufriedenheit

- Risikoanalyse möglicher Fehler vor Produktionsbeginn z.B. mit Hilfe folgender Methoden:
  - Fehlermöglichkeits- und einflußanalyse (FMEA)
  - Fehlerbaumanalyse
  - Ereignisablaufanalyse
  - statistische Versuchsplanung

- Sicherstellung des Rückflusses der Erkenntnisse aus aufgetretenen Fehlern in bestehende Risikoanalysen

- Festlegung der entsprechenden Vorbeugungsmaßnahmen gemäß den vorangegangenen Untersuchungen

- Überwachung der Durchführung und Wirksamkeit der Vorbeugungsmaßnahmen

15.   Handhabung, Lagerung, Verpackung, Konservierung und Versand

15.1. Allgemeines

- Planung, Lenkung und Dokumentation von Verfahren zur Handhabung, Lagerung, Verpackung, Konservierung (Schutz) und zum Versand:
  - Erstellung von Ablaufplänen und schriftlichen Anweisungen
  - Festlegen der Verantwortung und der Zuständigkeiten
  - eindeutige Kennzeichnung der Produkte und der Lagerbereiche zur Identifikation und zur Vermeidung von Verwechslungen

- Erstellung von Verfahrensanweisungen hinsichtlich:
  - eingehender Materialien und Teile
  - in der Produktion befindliche Materialien und Teile
  - Endprodukte

- Anweisungen sollten folgende Aspekte berücksichtigen:
  - interner bzw. externer Transport
  - Planung und Prüfung der Verpackung
  - Einlagerung nur eindeutig gekennzeichneter Produkte
  - zweckmäßige Lagerbedingungen
  - Versandabwicklung
  - Ordnung und Sauberkeit
  - Kundenanweisungen

15.2. Handhabung

- Erstellung von schriftlichen Anweisungen für den Umgang mit Produkten während der Herstellung

- Festlegung der Transportmethoden

- Verhinderung von Beschädigungen oder Qualitätsminderungen durch unsachgemäßen Umgang und während des Transports

- Kennzeichnung durch Begleitpapiere

CHECKLISTE
15. Handhabung, Lagerung, Verpackung, Konservierung und Versand   Seite 47 von 55

- Meldepflicht bei Transportschäden

- bezüglich der Vermeidung von Transportschäden sind folgende Gesichtspunkte zu beachten:
  - Behältnis-Zustand
  - Reinigung und Konservierung
  - Behältnisbefüllung
  - Transportmethoden
  - Schutzmaßnahmen für Produkt und Personal
  - Feuchtigkeitseinfluß
  - Polsterung
  - Befestigung
  - Sammelverpackung
  - Handhabungsvorschriften

- Identifikation der Produkte während Transport und Lagerung:
  - Kennzeichnung gemäß Spezifikation
  - Berücksichtigung des Änderungsstandes
  - eindeutige und bleibende Zuordnung von Kennzeichnungen bzw. Begleitpapieren zum Produkt
  - Entfernung ungültiger Kennzeichnungen

- Verfahren zur Erfassung, Beseitigung und Einleitung von Korrekturmaßnahmen beim Auftreten von Handhabungsschäden und Verpackungsfehlern:
  - Meldewege und Bearbeitungsablauf einschließlich Verantwortung festlegen
  - Zuständigkeiten für Abstellmaßnahmen regeln
  - Wirksamkeit der Maßnahmen überprüfen

15.3. Lagerung

- Erstellung und Beachtung schriftlicher Anweisungen, um unsachgemäße Behandlung, Beschädigung, Mißbrauch, Verwechslung oder sonstige Qualitätsminderungen bei der Lagerung der Produkte auszuschließen

- Erstellung von Anweisungen an das Lagerpersonal bezüglich:
  - Einlagerung ausschließlich freigegebener Produkte
  - Erhaltung zweckmäßiger Lagerbedingungen
  - Kennzeichnung der Produkte und Lagerbereiche

- Sicherstellen, daß die Ausgabe aus dem Lager nur mittels Materialbeleg und durch dafür befugtes Personal erfolgt

15.4. Verpackung

- Erstellung schriftlicher Verpackungsanweisungen unter Berücksichtigung kundenspezifischer Forderungen:
  - Methode der Verpackung festlegen
  - Kennzeichnung der Verpackung einschließlich Transporthinweise
  - Prüfkriterien für die Verpackung festlegen
  - Meldesystem bei Verpackungsfehlern

- die Verpackung soll folgende Gesichtspunkte erfüllen:
  - Schutz der Produkte gegen Beschädigung und Qualitätsminderungen
  - Gewährleistung der Identifizierung

15.5. Konservierung

- Methoden der Konservierung in der Verpackungsanweisung festlegen

- die Konservierung soll die Trennung von Produkten gewährleisten

<table>
<tr><td></td><td align="right">CHECKLISTE</td></tr>
<tr><td>15. Handhabung, Lagerung, Verpackung, Konservierung und Versand</td><td>Seite 49 von 55</td></tr>
</table>

15.6. Versand

- Festlegung produktbezogener Versandmethoden

- Anpassung der Verpackung an die jeweilige Versandmethode

- Sicherstellen, daß nur vom Qualitätswesen freigegebene Produkte zum Versand kommen

- Sicherstellen, daß alle zum Produkt gehörenden Begleitunterlagen zum Versand kommen

<table>
<tr><td>16. Lenkung von Qualitätsaufzeichnungen</td><td>CHECKLISTE
Seite 50 von 55</td></tr>
</table>

16. Lenkung von Qualitätsaufzeichnungen

- Festlegung von Verfahren und Zuständigkeiten zur Verwaltung von Qualitätsaufzeichnungen hinsichtlich:
  - Identifikation
  - Sammlung
  - Registrierung
  - Archivierung
  - Pflege
  - Bereitstellung

- Qualitätsaufzeichnungen dienen zur Bewertung und zum Nachweis der:
  - Erfüllung vorgegebener Qualitätsforderungen
  - Wirksamkeit des QM-Systems

- Sicherstellen der Zuordnung der Qualitätsaufzeichnungen zu den Produkten

- Erstellung einer Qualitätsaufzeichnungsliste als Übersicht der zu archivierenden Unterlagen

- Sicherstellung der Lesbarkeit und ordentlichen Führung von Qualitätsaufzeichnungen

- Sicherstellen der leichten Wiederauffindbarkeit durch Einrichtung eines zweckmäßigen Ordnungssystems

- Festlegung und Dokumentation von :
  - Aufbewahrungsart
  - Aufbewahrungsdauer
  - Aufbewahrungsort

- Aufbewahrung in geeigneten Einrichtungen zum Schutz vor Beeinträchtigungen und Beschädigungen und zur Verhinderung des Verlustes

- Sicherstellung der Verfügbarkeit zu Analyse- und Auswertungszwecken bzw. für eine eventuell gewünschte Einsichtnahme durch Kunden

<table>
<tr><td>17. Interne Qualitätsaudits</td><td>CHECKLISTE
Seite 51 von 55</td></tr>
</table>

17. Interne Qualitätsaudits

- Festlegung der Zuständigkeiten und Abläufe zur Durchführung interner Qualitätsaudits mit dem Ziel die Wirksamkeit, Einhaltung und Aktualität aller QM-Elemente
  zu überprüfen

- verantwortliche Person für die Durchführung interner Qualitätsaudits festlegen und
  dabei sicherstellen, daß diese Person von den zu prüfenden Stellen unabhängig ist

- Qualifikation des Personals, das Qualitätsaudits durchführt sicherstellen:
  - Festlegen des Anforderungsprofils
  - Nachweis der Befähigung des Auditors

- gegebenenfalls Anordnung interner Audits durch die Unternehmensleitung

- Vorbereitung interner Qualitätsaudits durch:
  - Auswerten schriftlicher Anweisungen
  - Erstellen einer Checkliste
  - Auswerten früher festgestellter Mängel

- Information der betroffenen Stellen über die Zielsetzung und den Zeitpunkt des
  anstehenden Audits

- Anwesenheit der verantwortlichen Leiter der zu prüfenden Stelle sicherstellen

- Zeitplanung interner Qualitätsaudits, um Durchführung in regelmäßigen Zeitabständen zu gewährleisten

- Durchführung interner Qualitätsaudits im Zusammenhang mit bedeutenden
  Ereignissen im QM-System, wie z.B. bei:
  - Einführung neuer QM-Elemente
  - wichtigen Vertragsabschnitten
  - Absicherung der Qualitätsfähigkeit eines neuen Produkts
  - zu erwartenden Qualitätsproblemen
  - ungünstiger Entwicklung der Qualitätskosten
  - neuer Unternehmensstrategie bzw. neuen Qualitätzielen

- Durchführung von Audits und Folgemaßnahmen nach festgelegten Verfahren:
  - Verfahrensregelungen interner Qualitätsaudits schriftlich festlegen
  - Festlegen der für interne Qualitätsaudits geltenden Bezugsunterlagen

- Führen von Auditplänen mit folgenden Informationen:
  - zu auditierende Bereiche
  - Auditart (Produkt-, Verfahrens- oder Systemaudit)
  - Auditablauf
  - Termine
  - Auditor
  - Berichterstattung
  - Verteilung und Verfolgung von Maßnahmen

- Dokumentation der Ergebnisse in einem Auditbericht mit folgendem Inhalt:
  - Umfang und Ziele des Audits
  - beteiligte Personen
  - Referenzdokumente zur Durchführung des Audits
  - Istzustand des untersuchten Objekts
  - Dokumentation von Schwachstellen bzw. Fehlern und deren Ursachen
  - Vorschlagen zweckmäßiger Korrekturmaßnahmen

- Informieren der überprüften Bereiche und der Unternehmensleitung über die Auditergebnisse durch Verteilung des Auditberichts an die jeweiligen Stellen

- Einholung einer Stellungnahme des Leiters der jeweiligen Dienststelle zum Auditbericht

- Festlegung von Korrekturmaßnahmen zur Beseitigung der aufgedeckten Schwachstellen einschließlich:
  - Verantwortlichen und Zeitplan zur Durchführung der Maßnahmen festlegen
  - Termin des Folgeaudits festlegen

- Überwachung der termingerechten Durchführung der Korrekturmaßnahmen:
  - Durchführung der Korrekturmaßnahme nach ihrer Bedeutung für das Qualitätsmanagement (ggf. Prioritäten setzen)
  - Verfolgung der rechtzeitigen Einführung durch den Auditor
  - Unterstützung der Einführung durch den Leiter der betroffenen Stelle
  - Überwachung der Wirksamkeit der Maßnahmen durch den Leiter des betroffenen Bereichs und dem Qualitätswesen

	CHECKLISTE
18. Schulung	Seite 53 von 55

18. Schulung

- Verfahren und Zuständigkeiten zur Ermittlung des Schulungsbedarfs festlegen (verantwortlich für die Weiterbildung ist der direkte Vorgesetzte)

- Erarbeitung eines Programms für arbeitsplatzbezogene Aus- und Weiterbildungsmaßnahmen unter Berücksichtigung aller Mitarbeiter, die qualitätsrelevante Aufgaben ausüben

- Festlegung von angemessenen Forderungen an die Ausbildung bzw. praktische Erfahrung der Mitarbeiter

- Erstellung von Stellenbeschreibungen bzw. Aufgabenfestlegungen für Mitarbeiter der Entwicklung bzw. Konstruktion, der Fertigung und des Qualitätswesens

- Vorsehen von Schulungen auf allen personellen Ebenen der Organisation

- Erstellung eines Schulungsplans zur Weiterbildung mit Benennung förderungswürdiger Personen

- Erstellung eines Zeitplans für Schulungsmaßnahmen, so daß normale Aufgaben weiterhin erfüllt werden können (ggf. Vertretungen festlegen)

- Regelung der Durchführung der Schulung:
    - Einführungsschulung für neue Mitarbeiter bzw. neue Aufgabenbereiche
    - Unterweisung des Personals bei Einführung neuer Verfahren
    - arbeitsplatzbezogene Unterweisung des Personals durch Vorgesetzte

- Einführung von Maßnahmen zur Förderung des Qualitätsbewußtseins

- Führung und Aufbewahrung von Aufzeichnungen über durchgeführte Schulungen

19. Wartung (Kundendienst)

- Einführung und Aufrechterhaltung von schriftlichen Verfahren zur Ausführung des Kundendienstes und der Wartungstätigkeiten einschließlich Regelung der Zuständigkeiten:
  - Informationsfluß zwischen Kunde und Lieferant sicherstellen
  - laufende Produktbeobachtung
  - Ziel: Zufriedenheit des Kunden

- Festlegung der Anforderungen an den Kundendienst und die Wartung, so daß die festgelegten Produktanforderungen erfüllt werden können unter Berücksichtigung folgender Aspekte:
  - Kundeninformationen (Handbücher, Gebrauchsanweisungen)
  - Kundenberatung bzw. -schulung
  - Reparaturwesen bzw. Austauschwesen
  - Ersatzteilwesen
  - Prüfmittelwesen im Kundendienst
  - Kundenreklamationen
  - Organisation eines eventuellen Produktrückrufs
  - Produkthaftung

- Sicherstellen, daß der Kundendienst bei festgestellten Fehlern oder Betriebsschwierigkeiten an Produkten auch dem Qualitätswesen berichtet:
  - Einrichtung eines Frühwarnsystems zur Berichterstattung bei Produktausfällen
  - Einrichtung eines Rückkopplungssystems zur Überwachung der Qualitätsmerkmale des Produkts während des Gebrauchs

- Sicherstellen des Erfahrungsrückflusses aus dem Kundendienst bzw. den Wartungstätigkeiten für die Entwicklung und Herstellung neuer Produkte

<table>
<tr><td>20. Statistische Methoden</td><td>CHECKLISTE
Seite 55 von 55</td></tr>
</table>

20. Statistische Methoden

- Einführung und Aufrechterhaltung von statistischen Methoden zur Feststellung geeigneter Prozesse und Produktmerkmale

- Festlegung von zweckmäßigen und angemessenen statistischen Methoden und deren Durchführung nach einschlägigen Normen

- Anwendung von statistischen Methoden in allen Phasen der Produktentstehung bzw. -verwendung:
    - während der Entwicklung (z.B. statistische Versuchsplanung)
    - zur Auswertung von Qualitätsprüfungen von Zulieferungen (z.B. Auswertungen von Stichprobenergebnissen)
    - zur Prozeßoptimierung und -lenkung (z.B. Qualitätsregelkarten, Prozeßfähigkeitsuntersuchungen, SPC)
    - in der Endprüfung (z.B. Fehlersammelkarten, Pareto-Analyse)
    - zur Auswertung von Produktausfällen während der Nutzung (z.B. Fehlerlisten, Wahrscheinlichkeitsnetz)

- Einrichtung eines Systems zur Verwendung statistischer Methoden mit entsprechender Auswertung der Ergebnisse:
    - Vereinbarung der statistischen Methoden mit den Unterlieferanten und den Auftraggebern
    - Festlegung der betroffenen Prüfmerkmale
    - Auswertung und Darstellung der Ergebnisse der statistischen Methoden
    - Anpassung der statistischen Methoden an Erkenntnisse aus vorausgegangenen Ergebnissen

2 Aufbauorganisation eines QM-Systems

Bei der Einführung eines QM-Systems empfiehlt es sich, zuerst die Zuständigkeiten und Verantwortungen innerhalb des Unternehmens zu regeln und schriftlich festzuhalten. Auf diesem Weg erschlägt man bereits einen wichtigen Teil des QM-Elements Nr. 1 „Verantwortung der Leitung" und man kann im weiteren Verlauf immer auf diese Zuständigkeitsfestlegungen zurückgreifen. Da die Manifestierung der Aufbauorganisation von entscheidender Bedeutung für die Struktur des unternehmensweiten QM-Systems ist, sollte dies mit größter Sorgfalt, unter Einbeziehung der Geschäftsleitung und wegen der Akzeptanz auch mit dem betroffenen Personenkreis (Führungskräfte) geschehen.

Die Dokumentation der Aufbauorganisation eines QM-Systems wird in drei aufeinander aufbauenden Ebenen untergliedert, wobei der Detailierungsgrad bei jeder Ebene zunimmt:

1. Organigramm

2. Verantwortungsmatrix

3. Stellenbeschreibung

Diese drei Darstellungsformen der Aufbauorganisation sollen anschließend anhand von Beispielen aufgezeigt werden.

2.1 Das Organigramm

Die reine Aufbauorganisation des Unternehmens wird mit Hilfe eines Organigramms festgehalten. Hier werden die einzelnen Abteilungen in hierarchischer Form dargestellt. Im Anschluß ist beispielhaft das Organigramm eines mittelständischen Unternehmens aufgeführt, Bild 2.1.

Dabei muß beachtet werden, daß laut Norm gefordert wird, daß das Qualitätswesen der Geschäftsleitung direkt unterstellt sein muß, weil es zur Durchführung von Audits und Reviews von anderen Abteilungen unabhängig sein muß.

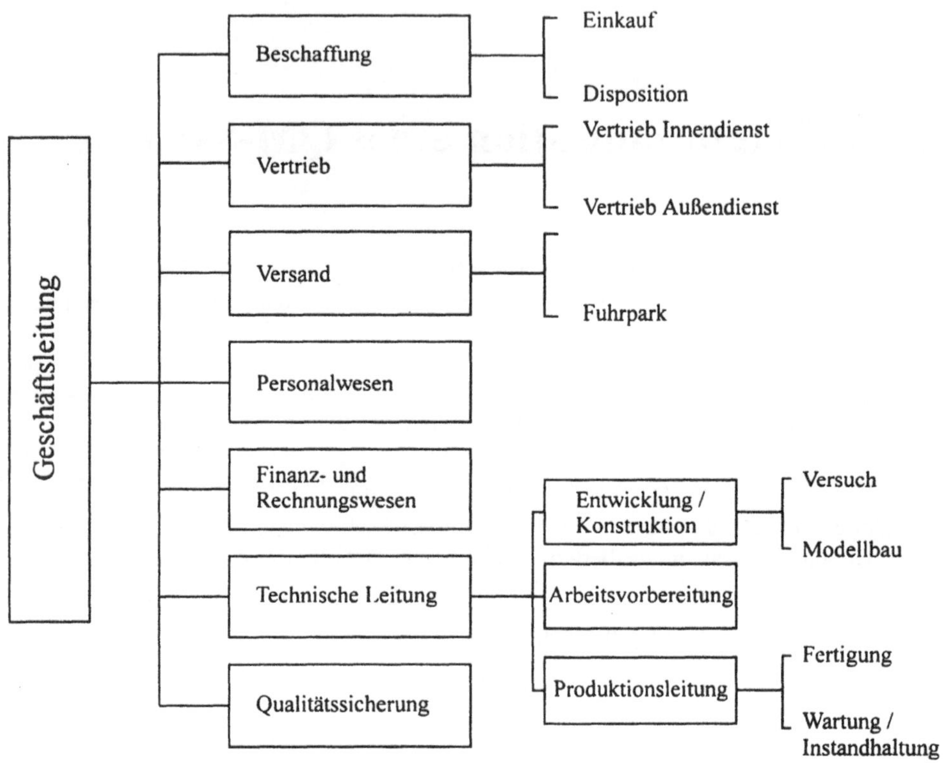

Bild 2.1: Aufbauorganisation des Unternehmens in Form eines Organigramms

2.2   Die Verantwortungsmatrix

Die DIN EN ISO 9001-9003 fordern, daß die Aufgaben, Verantwortungen, Befugnisse sowie die gegenseitigen Beziehungen aller Mitarbeiter, die qualitätsrelevante Tätigkeiten ausüben, festzulegen sind. Hierzu bietet sich die Erarbeitung von Verantwortungsmatrizen an. In der Verantwortungsmatrix werden die Zuständigkeiten der jeweiligen Abteilungen in Bezug auf die auszuführenden Aufgaben gegenübergestellt.

Diese können so gegliedert werden, daß man entweder für jedes relevante QM-Element der Norm oder für jeden zusammenhängenden Aufgabenbereich, eine separate Matrix erstellt. Dabei ist die Gliederung nach QM-Elementen sicherlich die umfangreichere, weil man für jedes QM-Element eine, also insgesamt 20 Verantwortungsmatrizen aufstellen muß. Der Detaillierungsgrad kann jedoch in beiden Fällen vom Ersteller frei gewählt werden.

Hier sei zunächst eine Verantwortungsmatrix am Beispiel des QM-Elements „Beschaffung" (Tab.2.2) dargestellt, also eine von insgesamt 20 Matrizen. Anschließend wird eine „Verfahrensanweisung zur Festlegung der Verantwortung und Kompetenzen", in der die komplette Ausführung der Verantwortungsmatrizen eines kleineren mittelständischen Unternehmens dargelegt ist, aufgeführt.

Dabei bedeuten:

D = Durchführungsverantwortung :   Diese Stelle ist für die sachgerechte Erledigung einer Aufgabe zuständig.

M = Mitarbeit (Mitwirken) :   Diese Stelle muß bei der Aufgaben- bzw. Problemstellung mitarbeiten bzw. mitwirken.

I = Informationsempfänger :   Diese Stelle muß über den getroffenen Entscheid bzw. über Ergebnisse informiert werden.

Tab. 2.2: Verantwortungsmatrix am Beispiel des QM-Elements „Beschaffung"

Verantwortungsmatrix zum QM-Element Nr. 6 Beschaffung	Geschäftsleitung	Vertrieb	Versand	Beschaffung	Arbeits-vorbereitung	Produktions-leitung	Technische Leitung	Qualitätssicherung	Personalwesen	Finanz- und Rechnungswesen
Beurteilen von Lieferanten				M				D		
Aufzeichnungen über die Leistung der Lieferanten erstellen				M				D		
Auswahl der Lieferanten				D		M	M	M		
Beschaffungsangaben spezifizieren				M		M	D	M		
Qualitätsmerkmale festlegen				M			M	D		
Überprüfungsmethoden festlegen				I			M	D		
Beschaffungsdokumente erstellen				D						
Beschaffungsdokumente überprüfen und Bestellung freigeben				D						M
Bei Änderungen betroffene Stellen informieren				D	I	I	I	I		I
Auftragsbestätigung des Lieferanten überprüfen				D						
Liefertermineüberwachung				D						

<table>
<tr><td></td><td>VERFAHRENSANWEISUNG
DOKUMENTENNR.: VA-0029-1-0395
Seite 1 von 8</td></tr>
</table>

Verfahrensanweisung GL-003

Verfahrensanweisung zur Festlegung der Verantwortung und Kompetenzen

1. Zweck

Regelung der Hauptaufgaben und Kompetenzen der bei der Produktentstehung und an den Dienstleistungen beteiligten Stellen bezüglich der qualitätsbezogenen Aktivitäten und Aufgaben.

2. Anwendungsbereich

Diese Verfahrensanweisung ist in allen Abteilungen des Unternehmens gültig.

3. Begriffe

a) Die Buchstaben in den Funktionsdiagrammen bedeuten:

D = Durchführungsverantwortung :   Diese Stelle ist für die sachgerechte Erledigung einer Aufgabe zuständig.

M = Mitarbeit (Mitwirken) :   Diese Stelle muß bei der Aufgaben- bzw. Problemstellung mitarbeiten bzw. mitwirken.

I = Informationsempfänger :   Diese Stelle muß über den getroffenen Entscheid bzw. über Ergebnisse informiert werden.

Verfahrensanweisung GL-003

b) Es sind weiter folgende Abteilungs- / Fachbereichskennzeichen eingeführt:

EK	=	Einkauf
F	=	Finanzen
GL	=	Geschäftsleitung
K	=	Kunde
LV	=	Lager / Versand
P	=	Produktion
QW	=	Qualitätswesen
V	=	Vertrieb

4. <u>Beschreibung / Zuständigkeiten</u>

Die nachfolgenden Funktionsdiagramme geben eine **Grobübersicht** der Hauptaufgaben und Kompetenzen der beteiligten Stellen bezüglich der qualitätssichernden Aufgaben.

Anmerkung:
Bei Bedarf sind Entscheidungsebenen zweckmäßig zu erweitern. Es kann nur eine Stelle mit der Durchführungsverantwortung betraut sein.

Achtung:
Detaillierte Verfahrensanweisungen haben stets Priorität vor der Regelfall-Festlegung in einem Funktionsdiagramm für die Grobübersicht.

<table>
<tr><td>

VERFAHRENSANWEISUNG
DOKUMENTENNR.: VA-0029-1-0395
Seite 3 von 8

</td></tr>
</table>

Verfahrensanweisung GL-003

Pos.	Aufgabe	K	GL	V	P	EK	LV	QW	F
1.	**Organisation**								
1.1	Festlegen der Qualitätspolitik	I	D	M	M	M	M	M	
1.2	Bereitstellen von geeignetem Personal und angemessenen Mitteln		D	M	M	M	M	M	M
1.3	Festlegen der Organisationspläne		D	M	M	M	M	M	M
1.4	Festlegen der Verantwortung und Kompetenzen		D	M	M	M	M	M	M
1.5	Ernennung des Qualitätsbeauftragten		D	I	I	I	I	I	I
1.6	Festlegen und Dokumentieren der Zuständigkeiten des Qualitätswesens		D	I	I	I	I	M	I
1.7	Planen, Überwachen und Korrigieren des QM-Systems		D					M	
1.8	Einführung und Betreuung des QM-Systems		M	M	M	M	M	D	
1.9	Festlegen der QS-Organisation		D	M	M	M	M	M	
1.10	Erarbeitung und Betreuung der QS-Dokumentation			M	M	M	M	D	
1.11	Planung, Durchsetzung und Überwachung von fehlerverhütenden und korrigierenden Maßnahmen	I	M	M	M	M	M	D	
1.12	Festlegung von Prüfstrategien, -methoden, statistischen Verfahren und Prüfmitteln	I	I	I	M	M	I	D	

VERFAHRENSANWEISUNG
DOKUMENTENNR.: VA-0029-1-0395
Seite 4 von 8

Verfahrensanweisung GL-003

Pos.	Aufgabe	K	GL	V	P	EK	LV	QW	F
1.13	Erfassung und Analyse der Qualitätskosten		I	I	M	M	I	D	
1.14	Erfassung und Analyse der Qualitätsdaten			M	M	M	M	D	
1.15	Qualitätsberichterstattung		I	M	M	M	M	D	
1.16	Durchführen von QM-System-Reviews		D					M	
1.17	Aufzeichnen der Ergebnisse der QM-System-Reviews		D	I	I	I	I	D	I
1.18	Durchführen interner Qualitätsaudits		I	M	M	M	M	D	M
1.19	Archivierung Qualitätsnach- weise			M	M	M	M	D	
1.20	Organisation der Aus- und Weiterbildung		D	M	M	M	M	M	M
1.21	Erstellen des QM-Handbuches		M	M	M	M	M	D	
1.22	Ändern des QM-Handbuches		M	M	M	M	M	D	
1.23	Genehmigen und Herausgeben des QM-Handbuches		M	I	I	I	I	D	I
1.24	QM-Handbuch freigeben		D						
1.25	Festlegen der Nachweisführung für Prüfungen		D	M	M	M	M	M	
1.26	Qualitätsziele erarbeiten		D	M	M	M	M	M	I
1.27	Qualitätsziele laufend aktualisieren		D	M	M	M	M	M	I

VERFAHRENSANWEISUNG
DOKUMENTENNR.: VA-0029-1-0395
Seite 5 von 8

Verfahrensanweisung GL-003

Pos.	Aufgabe	K	GL	V	P	EK	LV	QW	F
2.	**Produktplanung**								
2.1	Erfassung und Analyse der Marktanforderungen		D	M					
2.2	Ermittlung der Kundenanforderungen an das Produkt			D	I	I	I	I	
2.3	Prüfung der Spezifikationen bezüglich Vollständigkeit und Erfüllbarkeit			D	M	M		M	
2.4	Festlegen der Qualitätsforderungen an das Produkt		M	D	M	M	M	M	
2.5	Machbarkeitsabklärungen auf der Grundlage von Kundenanfragen			D	M	M	M	M	
2.6	Vertragsprüfungen bei Standardprodukten			D					
2.7	Vertragsprüfungen bei Neuprodukten	I	I	D	M	M	M	M	
2.8	Koordinieren der Tätigkeiten Angebots- / Vertragsprüfung			D					
2.9	Festlegung des Prüfkonzepts				M	M		D	
2.10	Durchführung der Prüfplanung				M	M		D	
2.11	Freigabe für die Prüf- und Betriebsmittelbeschaffung		I		D	M		M	
2.12	Ausarbeiten der Fertigungs- und Prüfunterlagen				D	M		M	

<table>
<tr><td></td><td align="right">VERFAHRENSANWEISUNG
DOKUMENTENNR.: VA-0029-1-0395
Seite 6 von 8</td></tr>
</table>

Verfahrensanweisung GL-003

Pos.	Aufgabe	K	GL	V	P	EK	LV	QW	F
2.13	Prüfmittelbeschaffung				M	M		D	
2.14	Festlegung der Qualitäts-forderungen für Kennzeich-nung, Verpackung, Transport, und Versand	I	D	I	M	M	M	M	
2.15	Freigabe der Serienfertigung	I	I		D	I		I	
2.16	Versandvorschriften erstellen						D	I	
2.17	Lagervorschriften erstellen						D	I	
2.18	Verpackungsvorschriften erstellen				M		D	I	
3.	**Beschaffung**								
3.1	Lieferantenauswahl	I			I	D		M	
3.2	QS- und Prüfvereinbarungen mit Lieferanten	I			I	D		M	
3.3	Erstellung von produktspezifi-schen und allgemeinen technischen Lieferbedingungen				I	D		M	
3.4	Eingangsprüfung				M	M		D	
3.5	Reklamationsbearbeitung				M	D	M	M	I
3.6	Lieferantenqualifikation				I	M		D	
3.7	Lieferantenbewertung				I	D		M	
3.8	Unterstützung der Lieferanten				M	D		M	

<table>
<tr><td></td><td style="text-align:right">VERFAHRENSANWEISUNG
DOKUMENTENNR.: VA-0029-1-0395
Seite 7 von 8</td></tr>
</table>

Verfahrensanweisung GL-003

Pos.	Aufgabe	K	GL	V	P	EK	LV	QW	F
4.	**Produktion / Qualitätswesen**								
4.1	Produktionsplanung			M	D				
4.2	Produktionssteuerung				D				
4.3	Fertigungsprüfungen durchführen				D			M	
4.4	Aussortierung und Kennzeichnung fehlerhafter Produkte				D			M	
4.5	Aufzeichnung der Qualitätsdaten				D			M	
4.6	Qualitätsbesprechungen durchführen		I	I	M	M	M	D	
4.7	Kennzeichnung der Produkte festlegen			I	D	M	I	M	
4.8	Handling-Anweisungen erstellen	I		I	D	M	M	M	
4.9	Überwachung von Verpackung, Handling, Lagerung				D		M	M	
4.10	Entgegennahme Kundenreklamationen	M	I	D	M	M	M	I	
4.11	Technische Bearbeitung von Kundenreklamationen	I	I	I	D	M	I	M	
4.12	Beantwortung von Kundenreklamationen	I	M	D	I	I	I	M	
4.13	Rückrufaktionen einleiten, sofern erforderlich	M	D	M	M	I	M	M	

<table>
<tr><td></td><td style="text-align:right">VERFAHRENSANWEISUNG
DOKUMENTENNR.: VA-0029-1-0395
Seite 8 von 8</td></tr>
</table>

Verfahrensanweisung GL-003

Pos.	Aufgabe	K	GL	V	P	EK	LV	QW	F
4.14	Überwachen von Prozeß-merkmalen				D				
4.15	Führen von Aufzeichnungen über die Qualifikation des Personals		D		I			M	
4.16	Durchführen und Überwachen von Prozeßänderungen				D			M	
4.17	Instandhalten von Produktions-einrichtungen				D				
4.18	Anweisen des Produktions-personals				D			M	

5. Mitgeltende Unterlagen

QM-Handbuch, Abschnitt 1 „Managementaufgaben und Organisation"

6. Änderungsdienst

Der Änderungsdienst dieser Verfahrensanweisung ist an die Geschäftsleitung delegiert worden.

7. Verteiler

Diese Verfahrensanweisung ist jedem Abteilungsleiter zur Verfügung zu stellen. Dieser entscheidet, ob an Arbeitsplätzen seiner Abteilung zusätzliche Exemplare erforderlich sind.

8. Anhang

2.3   Die Stellenbeschreibung

In den Stellenbeschreibungen werden schließlich detaillierte Einzelheiten bezüglich den jeweiligen Stellen bzw. Organisationseinheiten geregelt. Sie beschreiben klar den Verantwortungsbereich des Stelleninhabers, so daß dieser, auch bei Personalwechsel, über seine Aufgaben, Pflichten, Rechte und Kompetenzen Bescheid weiß.

Die Stellenbeschreibungen beinhalten im wesentlichen folgende Aspekte:

- die Position des Mitarbeiters mit Vorgesetzten und unterstellten Bereichen

- seine Befugnisse bzw. Kompetenzen

- sein Aufgabenbereich mit Verantwortungen

- die persönlichen Voraussetzungen des Stelleninhabers

Um den Forderungen der Norm gerecht zu werden, sollten zumindest bis zur Abteilungsleiterebene Stellenbeschreibungen angefertigt werden. Als Beispiel einer Stellenbeschreibung soll hier diejenige des Qualitätsleiters eines kleineren Unternehmens aufgezeigt werden.

Dabei ist anzumerken, daß die Stellenbeschreibungen nicht unbedingt, wie im Beispiel namensbezogen sein müssen. Man könnte sich hier z.B. lediglich auf die Stellenbezeichnung „Einkaufssachbearbeiter" beziehen. In diesem Fall stellt sich jedoch das Problem, der eindeutigen Zuständigkeitszuordnung, wenn beim Vorhandensein mehrerer Einkaufssachbearbeiter bestimmte Einzelaufgaben nur von einem bestimmten Mitarbeiter ausgeführt werden.

Der Vorteil der nicht namens- sondern stellenbezogenen Stellenbeschreibungen ist sicherlich der geringere Änderungsaufwand bei eventuellen Personalwechsel. Andererseits muß man sich bei der Aufführung von Namen bei der Festlegung von Vertretungen (siehe Beispiel), beim Ausscheiden dieser Person damit auseinandersetzen, wer dann die Vertretung übernimmt. Dieser Aspekt könnte bei einer nicht namensbezogenen Stellenbeschreibung leicht vergessen werden.

<table>
<tr><td colspan="3">STELLENBESCHREIBUNG
DOKUMENTENNR.: SB-0013-1-0495
Seite 1 von 5</td></tr>
</table>

Name, Vorname	Abteilung	Telefon
Rathgeb, Jochen	Qualitätswesen	07144 / 30910

Bezeichnung der Stelle

Leiter Qualitätswesen
Qualitätmanagement-Beauftragter

Rang des Stelleninhabers

Abteilungsleiter

Vorgesetzter

Hr. Andreas Kurz

Unterstellte Mitarbeiter

weisungsbefugt gegenüber Mitarbeiter der Produktion

Vertretung
Vertritt

Hr. Andreas Kurz

Wird vertreten durch

Hr. Dieter Baumann

Zielsetzung (Hauptaufgabe der Stelle)

- Aufbau und Aufrechterhaltung eines Qualitätsmanagement-Systems

- Aufrechterhaltung und Überwachung der Qualitätssicherung

Unterschrift Stelleninhaber	Unterschrift Vorgesetzter	Tritt in Kraft am

<table>
<tr><td></td><td>STELLENBESCHREIBUNG
DOKUMENTENNR.: SB-0013-1-0495
Seite 2 von 5</td></tr>
</table>

Name, Vorname	**Abteilung**	**Telefon**
Rathgeb, Jochen	Qualitätswesen	07144 / 30910

**Einzelaufgaben / Fachaufgaben
des Stelleninhabers**

- Einführung und Betreuung eines QM-Systems nach DIN EN ISO 9002

- Erstellung und Weiterführung eines QM-Handbuches

- Beratung aller Fachbereiche in Fragen des Qualitätsmanagements

- Umsetzung von Korrekturmaßnahmen bezügl. Schwachstellen innerhalb des QM-Systems

- Erarbeiten von Richtlinien und Unterlagen für die Planung und Überwachung der Qualitätssicherung bzw. Qualitätskontrolle

- Überwachung der Qualitätskontrolle

- Entscheidung über die Freigabe von Produkten

- Entscheidungsvollmacht über die Qualitätsbandbreite bei Wareneingängen und zur Unterbrechung der Produktion bei unvertretbarem Qualitätsniveau

- Entscheidung über die Weiterbehandlung von fehlerhaften Produkten und Rücklieferungen

- Verwaltung von Qualitätsaufzeichnungen

- Betreuung der Prüfmittel einschl. Prüfmittelüberwachung

- Durchführen von Stichproben in Form von Produktaudits

Unterschrift Stelleninhaber	**Unterschrift Vorgesetzter**	**Tritt in Kraft am**

<table>
<tr><td colspan="3" align="right">STELLENBESCHREIBUNG
DOKUMENTENNR.: SB-0013-1-0495
Seite 3 von 5</td></tr>
</table>

Name, Vorname	**Abteilung**	**Telefon**
Rathgeb, Jochen	Qualitätswesen	07144 / 30910

- Analysierung der Qualitätsaufzeichnungen

- Annahmeprüfung bei Fremdfolie

- Aufbereitung der Daten für die Lieferantenbeurteilung

- Erarbeiten eines monatlichen Qualitätsberichtes

- Informieren der Geschäftsleitung über qualitätsrelevante Sachverhalte und den Stand des Qualitätsmanagements

- Verwaltung der Reklamationen

- Führen von Gesprächen mit Kunden bei Reklamationen

- Durchführung interner Qualitätsaudits

- Ursachenforschung zur Aufdeckung von Fehlerquellen Festlegung von Maßnahmen zur Vermeidung von Wiederholungen

- Anordnung von qualitätsbezogener Maßnahmen zur Verbesserung der Qualität (Qualitätsförderungsprogramme, qualitätsrelevante Aus- und Weiterbildung, Fehleranalysen)

- Schulung und Einweisung der Mitarbeiter in Fragen des Qualitätsmanagement und der Qualitätssicherung

Unterschrift Stelleninhaber	**Unterschrift Vorgesetzter**	**Tritt in Kraft am**

<table>
<tr><td></td><td align="right">STELLENBESCHREIBUNG
DOKUMENTENNR.: SB-0013-1-0495
Seite 4 von 5</td></tr>
</table>

Name, Vorname	Abteilung	Telefon
Rathgeb, Jochen	Qualitätswesen	07144 / 30910

Zusatzaufgaben des Stelleninhabers

    keine

Vertretungsbefugnisse

    keine

Zusammenarbeit mit anderen Stellen

- Vertrieb
- Produktion
- Lager / Versand
- Einkauf
- Finanzbuchhaltung

Innerbetriebliche Mitarbeit (z.B. Ausschüsse)

    ISO-Ausschuß

Außerbetriebliche Mitarbeit (z.B. Ausschüsse)

    keine

Unterschrift Stelleninhaber	Unterschrift Vorgesetzter	Tritt in Kraft am

<table>
<tr><td colspan="3"> STELLENBESCHREIBUNG
DOKUMENTENNR.: SB-0013-1-0495
Seite 5 von 5 </td></tr>
</table>

Name, Vorname	**Abteilung**	**Telefon**
Rathgeb, Jochen	Qualitätswesen	07144 / 30910

Anforderungen an den Stelleninhaber

- Ingenieur oder gleichwertige Ausbildung

- Kenntnisse im Qualitätsmanagement und in der Qualitätssicherung

- Kenntnisse im Auditing

- Aufweisen von Führungsqualität

- sicheres Auftreten

- Flexibilität

- Innovativ

- Kreativität

- schnelle Auffassungsgabe

- Kooperationsfähigkeit

- Fähigkeit zum analytischen Denken

Unterschrift Stelleninhaber	**Unterschrift Vorgesetzter**	**Tritt in Kraft am**

3 Ablauforganisation eines QM-Systems

Das Ziel beim Aufbau eines QM-Systems ist in erster Linie die Systematisierung und Strukturierung der Betriebsabläufe und somit die Schaffung von Transparenz innerhalb des Unternehmens. Im Normalfall erfolgt dieser Schritt im Anschluß an die Regelung der Aufbauorganisation, wo im wesentlichen die Zuständigkeiten der jeweiligen Abteilungen und Mitarbeiter im Rahmen des QM-Systems festgelegt wurden.

Nun gilt es die einzelnen Aufgabenbereiche im Gesamtzusammenhang zu koordinieren. Dabei ist insbesondere auf Schnittstellenprobleme zwischen den einzelnen Abteilungen zu achten. Zu diesem Zweck sollte ein Projektteam, bestehend aus dem Führungspersonal des Unternehmens gebildet werden, das sich aus allen betroffenen Organisationseinheiten zusammensetzt. Die Hauptaufgabe besteht darin, während der Einführung des QM-Systems systematisch sämtliche Defizite bzw. Schwachstellen der bisherigen Qualitätssicherung und Betriebsorganisation aufzudecken. Dabei sollte das bestehende System gleichzeitig auf Normkonformität hin untersucht werden. In den Bereichen, in denen Defizite auftreten, sollten dann Maßnahmen zur Beseitigung der Defizite vorgeschlagen, mit dem Projektteam erörtert und letztendlich umgesetzt werden.

Die Regelung und Festlegung der generellen Abläufe im Rahmen des QM-Systems wird in Form von Ablaufplänen dokumentiert. Parallel zu den Ablaufplänen sollte die Dokumentationsstruktur berücksichtigt werden, d.h. es sollten Überlegungen angestellt werden, welche Unterlagen und Formblätter für einen reibungslosen Ablauf relevant sind, wobei ständig darauf geachtet werden muß, daß es nicht zu einer den Betrieb hemmenden Papierflut kommt, da die von der Norm geforderte Dokumentation doch sehr umfangreich erscheint.

Bei allen anstehenden Überlegungen ist in erster Linie auf die Normkonformität der erarbeiteten Ablaufpläne und verwendeten Dokumente zu achten. So liegt nichts näher, als sich bei der Darstellung der Betriebsorganisation in Form von Ablaufplänen, der Sinnbilder für Informationsverarbeitung nach DIN 66001 zu bedienen. Die hauptsächlich verwendeten Sinnbilder werden anschließend in Bild 3.1 erläutert. Daraufhin wird als Beispiel ein Ablauf aus dem QM-Element „Schulung" aufgeführt. Dabei ist anzumerken, daß die Autoren eine nicht auf alle Symbole der DIN 66001 zurückgreifende Darstellungsform verwenden, die jedoch für die Belange der Ablaufdarstellung im Qualitätsmanagement ausreicht.

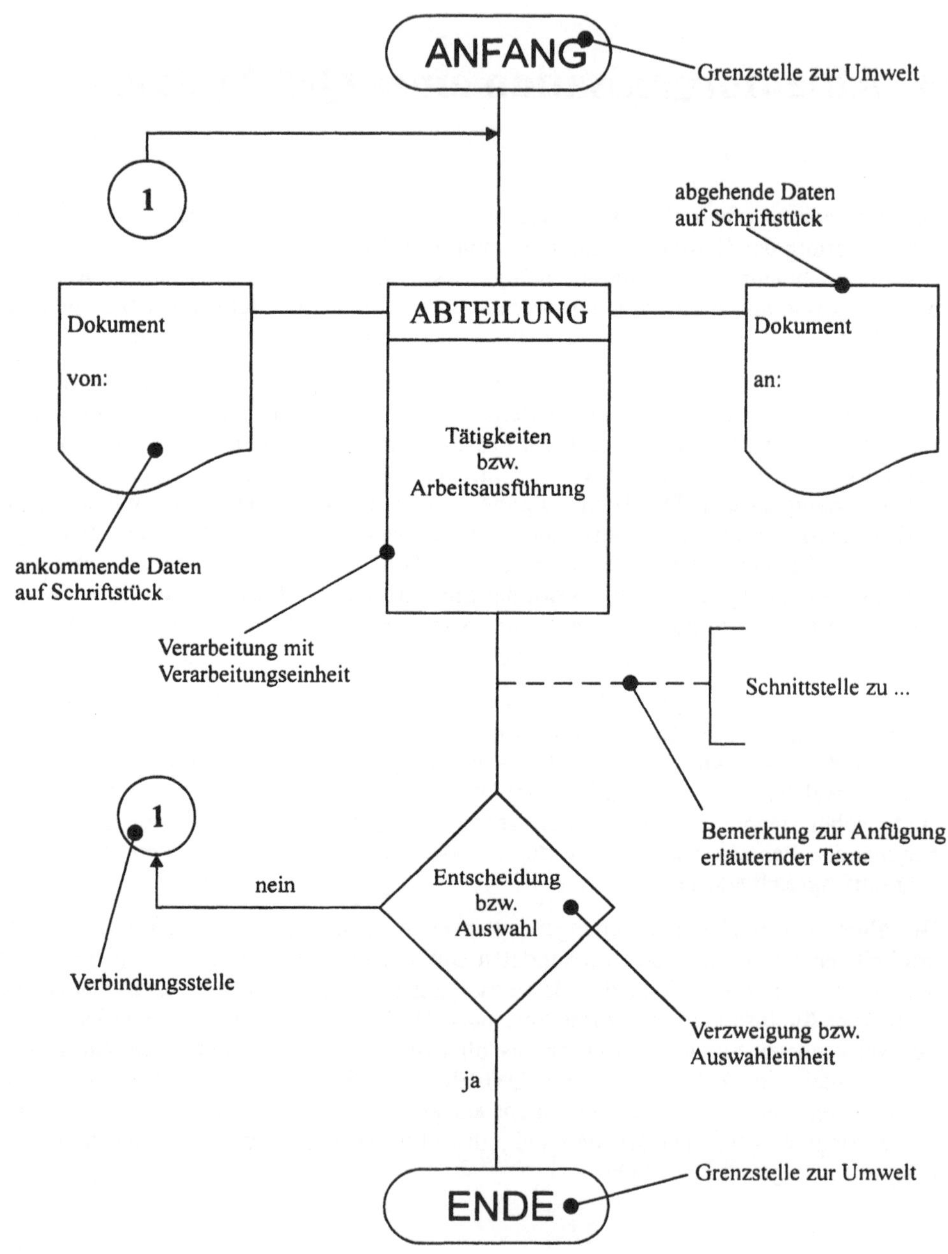

Bild 3.1: Darstellung eines Ablaufplans mit Sinnbildern nach DIN 66001

<table>
<tr><td></td><td align="right">ABLAUFPLAN
DOKUMENTENNR.: ABL-0018-2-0595
Seite 1 von 3</td></tr>
</table>

Ablaufplan ABL-18: Schulungsbedarfsermittlung und Schulung

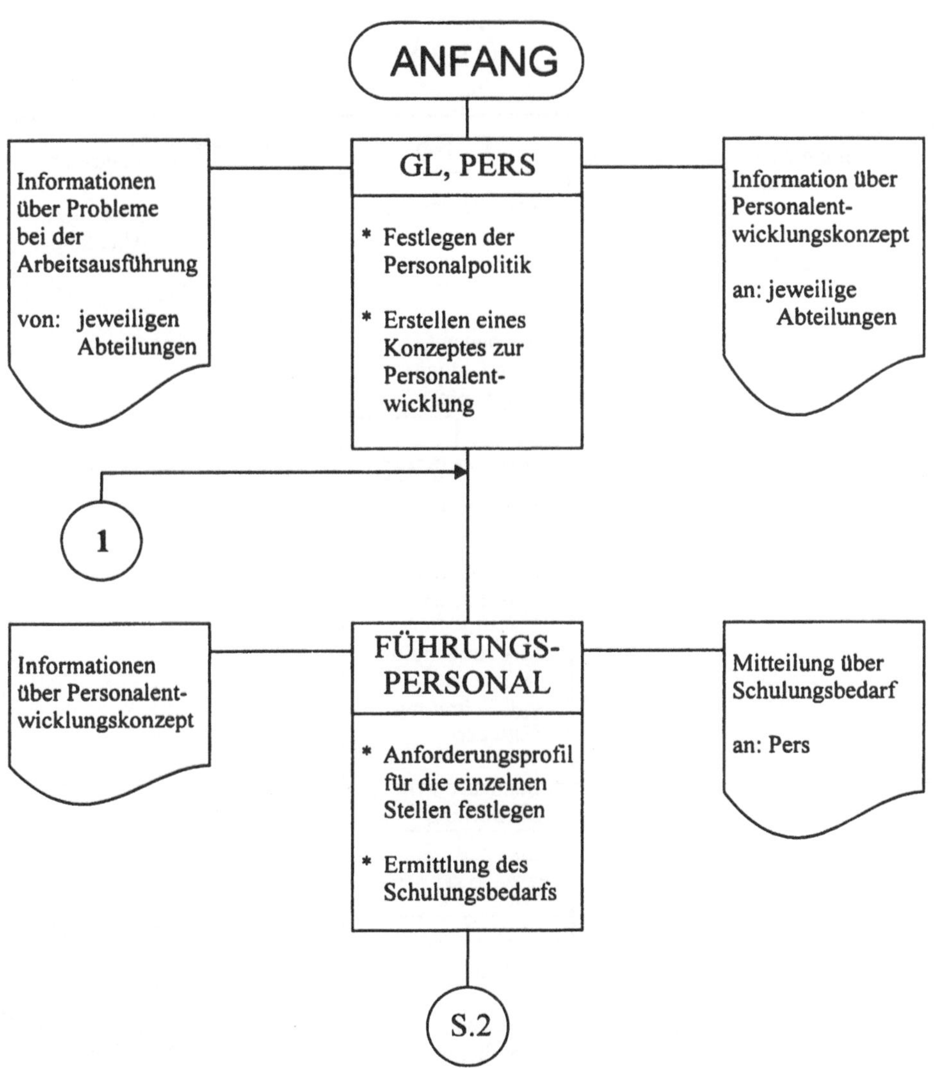

ABLAUFPLAN
DOKUMENTENNR.: ABL-0018-2-0595
Seite 2 von 3

Ablaufplan ABL-18: Schulungsbedarfsermittlung und Schulung

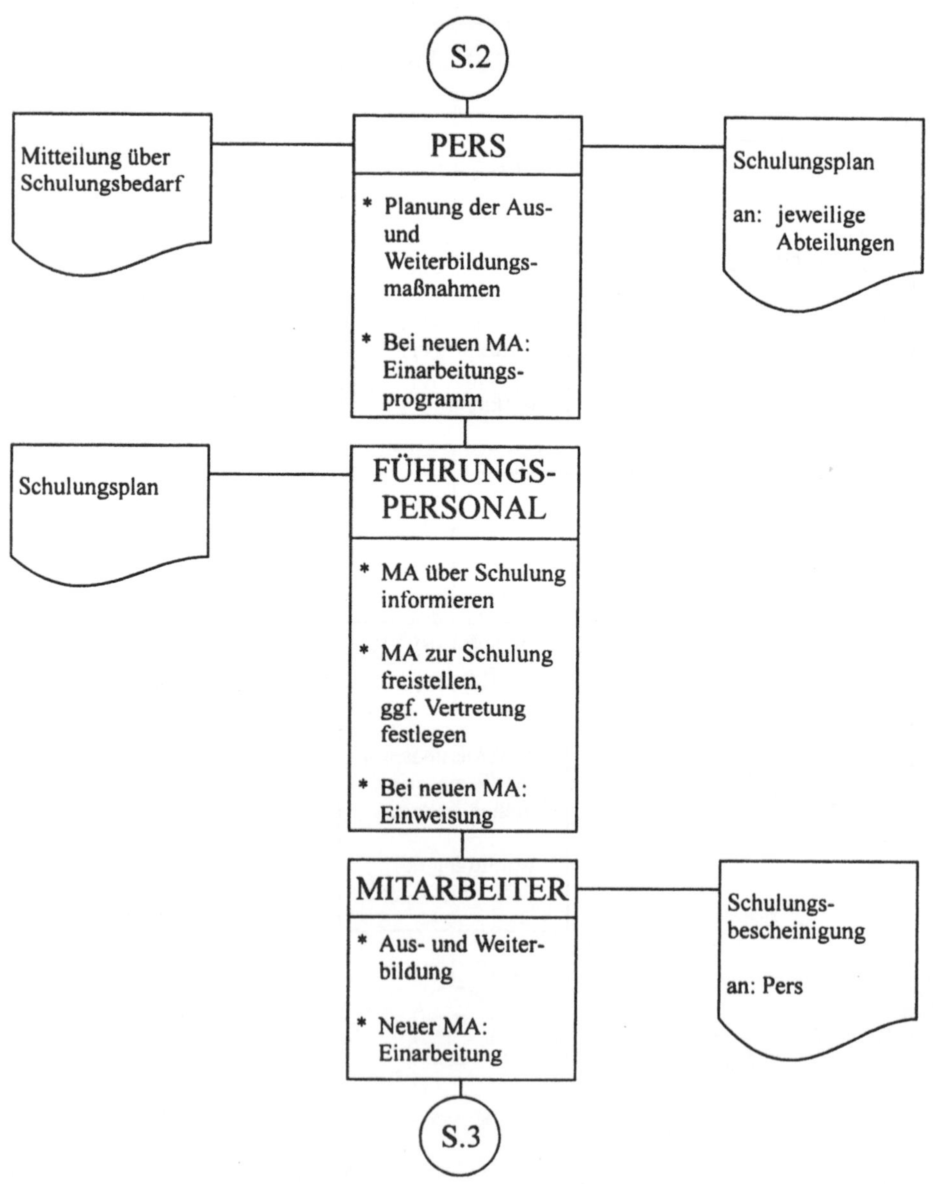

Ablaufplan ABL-18: Schulungsbedarfsermittlung und Schulung

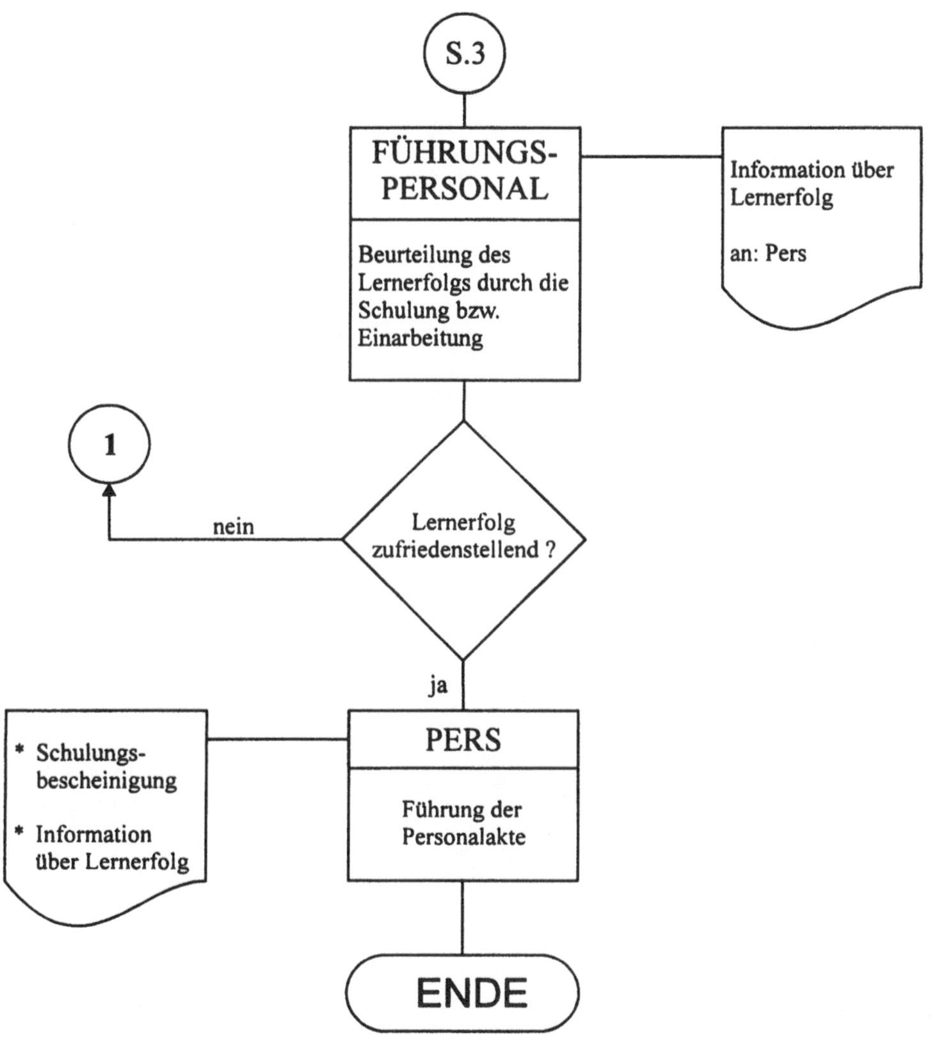

4 Das Qualitätsmanagement-Handbuch

Die in einem Unternehmen relevanten QM-Elemente der DIN EN ISO 9001-9003 des QM-Systems, werden in einer systematischen Weise in Form geschriebener Anweisungen und Verfahrensweisen in einer Reihe von aufeinander aufbauenden Dokumenten unterschiedlichen Zwecks dokumentiert. Diese Art der Dokumentation ist ein wichtiger Bestandteil eines jeden QM-Systems.

Die typische Darlegungsform zur Erarbeitung und Einführung eines QM-Systems ist das Qualitätsmanagement-Handbuch (QM-Handbuch). Es bezweckt eine angemessene, transparente Beschreibung des unternehmensübergreifenden Systems und dient gleichzeitig als Bezugsgrundlage für die Implementierung und Aufrechterhaltung dieses Systems. Beim Aufbau der Dokumentation eines QM-Systems kommt dem QM-Handbuch die Aufgabe der übergeordneten Darstellung von qualitätsrelevanten Zusammenhängen und Tätigkeiten zu.

Das QM-Handbuch ist somit das zentrale Dokument eines QM-Systems. Ohne dieses Handbuch kann ein System weder dargelegt noch seine Funktionsfähigkeit nachgewiesen werden. Es dient als Grundlage für die ständige Weiterentwicklung des QM-Systems, sowie für die unternehmenseigene und auch externe Beurteilung des QM-Systems. Es spielt deshalb auch eine wesentliche Rolle bei dem Vorgang der Zertifizierung.

Mit dem QM-Handbuch allein ohne ins Detail gehende Verfahrensanweisungen läßt sich jedoch im Unternehmen noch keine zufriedenstellende Qualität erreichen!

Die Vorteile eines QM-Handbuchs sind:

- Dokumentation und Nachweis des QM-Systems

- Transparenz und Rationalisierung in Organisation, Funktion und Ablauf

- Zuständigkeitsabgrenzungen und -zuweisungen

- Möglichkeit zur Kostenreduktion, da während der Erstellung Schwachstellen bzw. Unzulänglichkeiten des Systems erkannt werden

- Voraussetzung für die Anerkennung des QM-Systems nach einer Norm (Zertifizierung)

- Erleichterung des Nachweises der Mängelfreiheit eines Produktes im Rahmen der Produkthaftung

– Erleichterung bei Audits, bei dem das QM-Handbuch als Grundlage dient

– eindeutige Information, intern für die Mitarbeiter, extern für die Kunden

– Werbeeffekt, Unterstützung der Akquisition

Da das QM-Handbuch zu Aquisitionszwecken auch an Kunden vergeben wird, sollte es kein internes Firmen-Know-how enthalten, und sich auf rein organisatorische Zusammenhänge beschränken.

An dieser Stelle soll nun ein Auszug aus einem QM-Handbuch, mit dazugehörigem Ablaufplan und entsprechender Verfahrensanweisung, am Beispiel des QM-Elements Nr.17 „interne Qualitätsaudits" dargestellt werden. Der Ablaufplan kann dabei auch Bestandteil des QM-Handbuches sein, was durchaus empfehlenswert erscheint, da mit seiner Hilfe ein zusammenfassender Überblick der Vorgehensweise im Unternehmen aufgezeigt wird.

Deckblatt zum Kapitel 17

INTERNE QUALITÄTSAUDITS

Referenzen
DIN EN ISO 9001 - Ziffer 4.17

	Erstellt	Geprüft	Freigabe
Name			
Unterschrift			
Datum			

QM-HANDBUCH
DOKUMENTENNR.: QM-HB-0017-1-0095
KAP. 17, SEITE 2 von 4

INHALTSVERZEICHNIS   Seite

17. INTERNE QUALITÄTSAUDITS

17.1 ZIELSETZUNG UND GELTUNGSBEREICH

Durch interne Qualitätsaudits wird die Anwendung und die Wirksamkeit der festgelegten Maßnahmen zur Qualitätssicherung überprüft. Qualitätsaudits werden in allen Organisationseinheiten durchgeführt, auf die in diesem Qualitätsmanagement-Handbuch Bezug genommen wird.

17.2 VORGEHEN

Die Geschäftsleitung genehmigt den von dem Leiter des Qualitätswesens aufgestellten Auditplan. Sie erhält Kenntnis von allen Auditberichten und überwacht im Rahmen ihrer Führungsverantwortung die festgelegten Korrekturmaßnahmen.

Der Leiter des Qualitätswesens erstellt einen jährlichen Auditplan, in dem die Auditierung aller betroffenen Organisationseinheiten terminiert ist. Er stellt ein Team von Fachleuten zusammen, das die eigentlichen Audits durchführt.

Über jeden durchgeführten Audit erstellt das Auditteam einen Bericht, in dem alle festgestellten Schwachpunkte innerhalb der einzelnen Abteilungen / Fachbereiche aufgezeigt werden. Die erforderlichen Korrekturmaßnahmen werden im Rahmen von Nachaudits überwacht.

Qualitätssicherungs-Mitarbeiter bzw. dafür qualifizierte Mitarbeiter führen in allen Unternehmensbereichen geplante und ungeplante Qualitätsaudits durch.

Die Abteilungsleiter werden durch Auditberichte über festgestellte Schwachstellen unterrichtet, die während eines Audits erkannt werden und sind für die Einleitung und Durchführung von geeigneten Korrekturmaßnahmen verantwortlich.

17.3 DURCHFÜHRUNG UND AUDITHÄUFIGKEIT

Die Häufigkeit von internen Audits ist in einem Auditplan festgelegt. Neben diesen geplanten Audits können jederzeit ungeplante Audits durchgeführt werden.

Auslöser für ungeplante Audits können sein:

- plötzliche Qualitätsverschlechterungen
- Einführung neuer Produkte
- Einführung neuer Produktionsverfahren
- Änderung der Aufbauorganisation
- Änderung der Ablauforganisation

17.4 DOKUMENTATION

Auditpläne, Auditberichte und Aufzeichnungen über durchgeführte Korrekturmaßnahmen werden vom Leiter des Qualitätswesens dokumentiert.

17.5 ZUSTÄNDIGKEITEN

Aufgaben	QW	GL	FA
Übergeordnete Richtlinien festlegen	M	D	I
Planung interner Qualitätsaudits	D	M	I
Auditplan genehmigen	I	D	
Qualitätsaudits durchführen	D	I	M
Auditbericht erstellen	D	I	I
Korrekturmaßnahmen einleiten	I		D
Überwachung der Maßnahmen	D		M

<u>Legende:</u>
QW   -   Qualitätswesen
GL   -   Geschäftsleitung
FA   -   betroffener Fachbereich / Abteilung

D   -   Durchführungsverantwortung
M   -   Mitarbeit
I   -   Informationsempfänger

17.6 MITGELTENDE UNTERLAGEN

ABL-17 - Ablaufplan: Internes Qualitätsaudit
QS-007 - Verfahrensanweisung für interne Qualitätsaudits

Ablaufplan ABL-17: Internes Qualitätsaudit

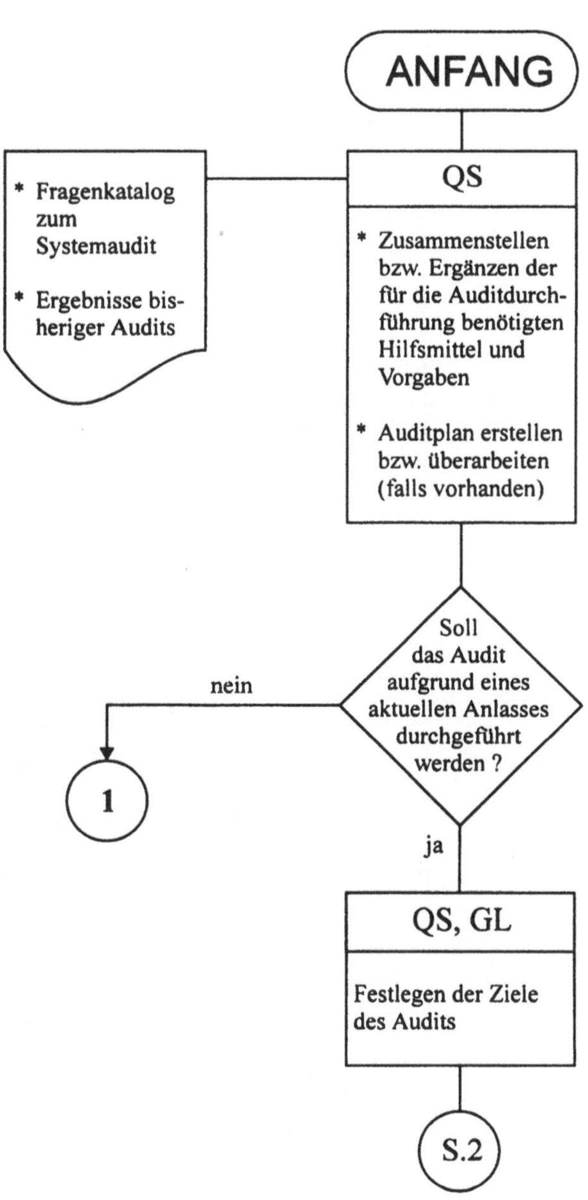

ABLAUFPLAN
DOKUMENTENNR.: ABL-0017-2-0595
Seite 2 von 6

Ablaufplan ABL-17: Internes Qualitätsaudit

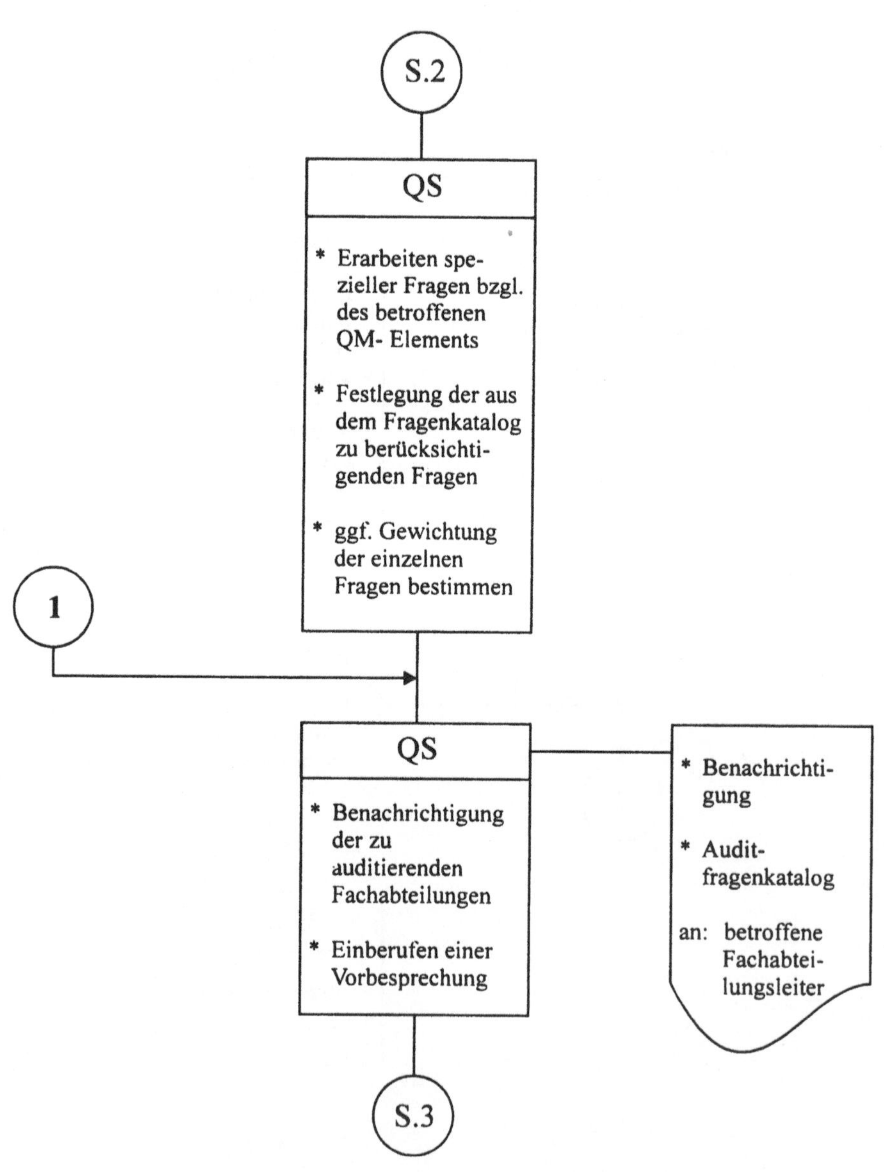

Ablaufplan ABL-17: Internes Qualitätsaudit

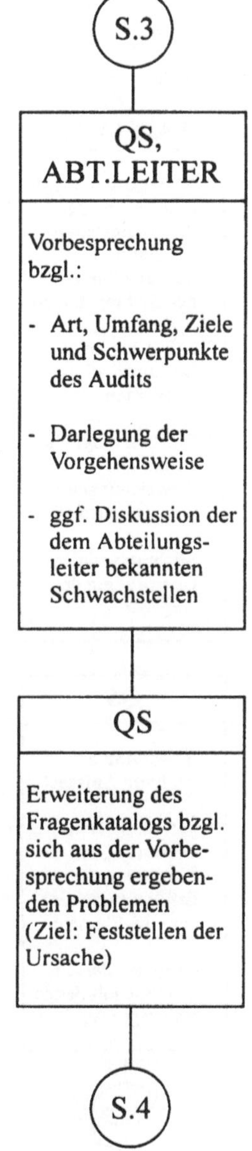

ABLAUFPLAN
DOKUMENTENNR.: ABL-0017-2-0595
Seite 4 von 6

Ablaufplan ABL-17: Internes Qualitätsaudit

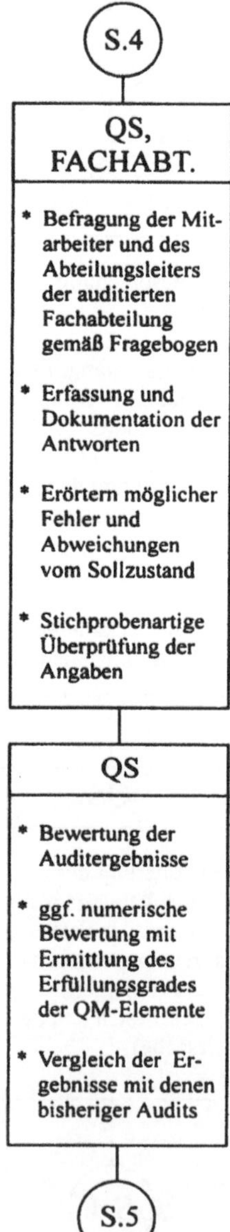

Ablaufplan ABL-17: Internes Qualitätsaudit

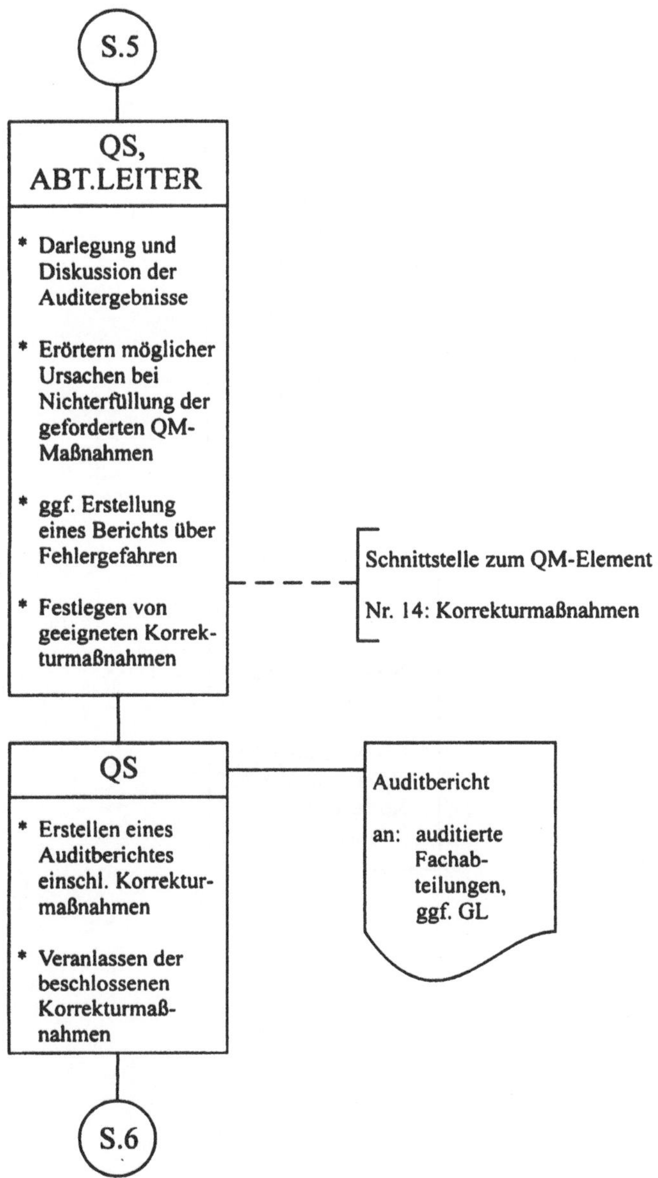

Ablaufplan ABL-17: Internes Qualitätsaudit

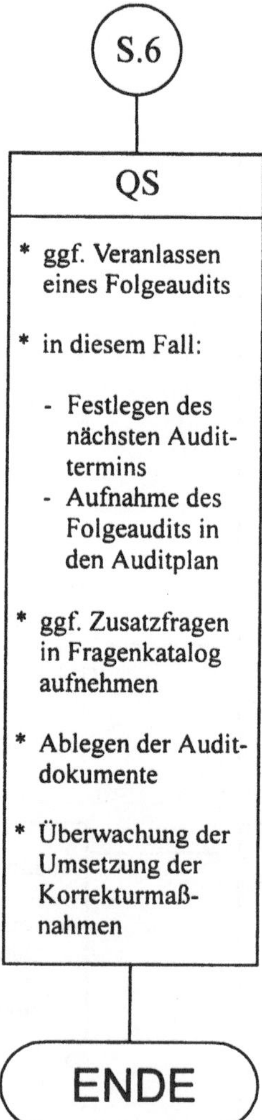

<table>
<tr><td></td><td>VERFAHRENSANWEISUNG
DOKUMENTENNR.: VA-0028-2-0595
Seite 1 von 9</td></tr>
</table>

Verfahrensanweisung QS-007

Verfahrensanweisung für interne Qualitätsaudits

<table>
<tr><td>Inhaltsverzeichnis</td><td>Seite</td></tr>
</table>

	Erstellt	Geprüft	Freigabe
Name			
Unterschrift			
Datum			

<table>
<tr><td></td><td align="right">VERFAHRENSANWEISUNG
DOKUMENTENNR.: VA-0028-2-0595
Seite 2 von 9</td></tr>
</table>

Verfahrensanweisung QS-007

Verfahrensanweisung für interne Qualitätsaudits

1. Zweck

Mit dieser Verfahrensanweisung regelt die Geschäftsleitung Einzelheiten zum Abschnitt „Interne Qualitätsaudits" des Qualitätsmanagement-Handbuches.

Den Auditoren soll hiermit einerseits eine eindeutige und systematische Vorgehensweise vorgegeben werden. Andererseits sollen die jeweiligen Bereichsleiter bzw. das ggf. betroffene Personal des zu beurteilenden Bereichs darüber informiert werden, wie ein Qualitätsaudit standardgemäß abläuft.

2. Anwendungsbereich

Diese VA gilt in allen Fachbereichen bzw. Abteilungen unseres Unternehmens, da das Qualitätsaudit das entscheidende Instrument zur Beurteilung der Wirksamkeit des unternehmensweiten QM-Systems darstellt. Wird diese VA im externen Bereich z.B. bei Zulieferern angewendet, so ist eine ausdrückliche Vereinbarung mit diesen erforderlich.

3. Begriffe

3.1. Qualitätsaudit
Nach DIN EN ISO 8402, Ziffer 4.9 (Ausgabe 1995), ist der Begriff wie folgt definiert:
„Systematische und unabhängige Untersuchung, um festzustellen, ob die qualitätsbezogenen Tätigkeiten und damit zusammenhängenden Ergebnisse den geplanten Anordnungen entsprechen, und ob diese Anordnungen tatsächlich verwirklicht und geeignet sind, die Ziele zu erreichen."

<table><tr><td>VERFAHRENSANWEISUNG
DOKUMENTENNR.: VA-0028-2-0595
Seite 3 von 9</td></tr></table>

Verfahrensanweisung QS-007

3.2. *Auditor*

Nach DIN EN ISO 8402, Ziffer 4.11 (Ausgabe 1995) ist der Begriff (Qualitäts-) Auditor wie folgt definiert:
„Eine zur Durchführung von Qualitätsaudits qualifizierte Person."

3.3. *Festlegungen für unser Unternehmen*

3.3.1. *Auditor*

Mitarbeiter, der aufgrund einer entsprechenden Auditorenschulung befähigt ist, die Wirksamkeit des QM-Systems oder bestimmter Teilbereiche in der Praxis zu beurteilen, Abweichungen, Defizite bzw. Nonkonformitäten (bezügl. DIN EN ISO 9000ff.) zu erkennen und Korrektur- bzw. Verbesserungsmaßnahmen vorzuschlagen.

Es werden nur Mitarbeiter vorgesehen, die einen ausreichenden Überblick über die Struktur des zu beurteilenden Fachbereichs bzw. Auditthemas haben. Die Auditoren müssen unabhängig von dem zu auditierenden Bereich sein.

3.3.2. *Auditleiter*

Der Auditleiter ist in der Regel der Leiter der Abteilung Qualitätswesen, außer bei Audits, die seinen eigenen Aufgabenbereich betreffen. Er ist aufgrund seiner Ausbildung (Auditor-Lehrgang) befähigt, die Wirksamkeit des QM-Systems oder bestimmter Teilbereiche in der Praxis zu beurteilen, Abweichungen, Defizite bzw. Nonkonformitäten (bezügl. DIN EN ISO 9000ff.) zu erkennen und Korrektur- bzw. Verbesserungsmaßnahmen vorzuschlagen.

Des weiteren plant und organisiert er Qualitätsaudit, beurteilt und überwacht einzuleitende Korrektur- und Vorbeugungsmaßnahmen. Es ist gewährleistet, daß der Leiter des Qualitätswesens von anderen Abteilungen im Rahmen des QM-Systems organisatorisch unabhängig ist.

VERFAHRENSANWEISUNG
DOKUMENTENNR.: VA-0028-2-0595
Seite 4 von 9

Verfahrensanweisung QS-007

4. Beschreibung / Zuständigkeiten

4.1. Der Leiter des Qualitätswesens ist zuständig für
- Planung der Audits (zu auditierende Bereiche, Auditthemen bzw. -schwerpunkte)
- Festlegung der Audittermine
- Zusammenstellung des Audit-Teams
- Ankündigung und Vorbereitung der Audits
- Durchführung bzw. Leitung der Audits
- Dokumentation und Auswertung der Auditergebnisse
- Einleitung und Überwachung von Korrektur- und Vorbeugungsmaßnahmen
- Information der Geschäftsleitung und der Leiter der betroffenen Fachbereiche bzw. Abteilungen über die Befunde der Audits
- Archivierung sämtlicher Audit-Unterlagen

4.2. Planung der Audits

Der Leiter des Qualitätswesens legt mit Hilfe des Formblattes „Qualitätsauditplan" einen Auditplan fest. Im Auditplan wird der zu auditierenden Fachbereich, das entsprechende Normenkapitel der DIN EN ISO 9001, der Audittermin und das Audit-Team festgehalten. Unter Bemerkungen können z.B. bestimmte Auditschwerpunkte vermerkt werden, denen bei dem jeweiligen Audit besondere Beachtung geschenkt werden soll.
Er hat darüber hinaus Qualitätsforderungen zu berücksichtigen, deren Erfüllung durch Qualitätsaudits geprüft werden soll.

Bei der Erstellung des Qualitätsauditplans ist für jeden zu beurteilenden Fachbereich bzw. für jedes Referenzkapitel der Normenreihe DIN EN ISO 9001 mindestens 1 mal in 2 Jahren ein Qualitätsaudit vorzusehen. Es können durchaus auch mehrere Bereiche in einem Qualitätsaudit zusammen geprüft werden.

Bereiche, Themenkomplexe oder Abläufe, die für die Sicherheit der Produkte relevant sind, sind mit einer entsprechenden Priorität zu beurteilen, d.h. also jährlich, halbjährlich oder in kürzeren (monatlichen) Intervallen. Die Auditintervalle werden je nach Auditergebnis verkürzt oder verlängert.

Verfahrensanweisung QS-007

4.3. Außerplanmäßige Audits

Werden aus gegebenem Anlaß außerplanmäßige Audits durchgeführt, so ist deren Durchführung im Qualitätsauditplan festzuhalten. Außerplanmäßige Audits können durch den Leiter des Qualitätswesen aufgrund bestimmter qualitätsrelevanter Ereignisse (z.B. festgestellte Fehler, Abweichungen, Anhäufung von Reklamationen oder Fehlleistungen, etc.) veranlaßt werden.
Qualitätsaudits aus gegebenem Anlaß haben stets Priorität vor der Durchführung planmäßiger Qualitätsaudits!

4.4. Vorbereitung des Fragenkatalogs

Für die Durchführung eines Qualitätsaudits sind Fragenkataloge vorzusehen, die die Qualitätsforderungen der DIN EN ISO 9001 und/oder auch Qualitätsforderungen an den jeweilgen Bereich berücksichtigen; d.h. in ihnen sollten die wesentlichen Fragen zur Untersuchung des IST-Zustandes zusammengestellt sein. Sie werden vom Leiter des Qualitätswesens bereitgehalten.

Vor Beginn eines Qualitätsaudits hat das Audit-Team zu prüfen, ob die Fragenkataloge ausreichend an die aktuellen Gegebenheiten angepaßt sind. Sie dienen als Strukturierungshilfe zur Abwicklung des Auditprogramms und Dokumentation der Auditbefunde, die für die Abfassung des Auditberichtes zu analysieren sind.
Diese Fragenkataloge sollten im Laufe der Zeit ständig verbessert bzw. angepaßt werden.

Es empfiehlt sich, den Fragenkatalog vorab dem Leiter des zu beurteilenden Fachbereiches zuzuleiten, damit dieser sich auf das Audit vorbereiten kann. Den Auditoren bleibt es selbstverständlich überlassen, weitere Fragen zu stellen.

VERFAHRENSANWEISUNG
DOKUMENTENNR.: VA-0028-2-0595
Seite 6 von 9

Verfahrensanweisung QS-007

4.5. Ablauf des Audits

Das Qualitätsaudit läuft in der nachfolgend dargestellten Reihenfolge ab:

- Erstellung des Auditprogramms unter Berücksichtigung des Auditplans: Festlegung des zu beurteilenden Fachbereichs, Bestimmung des Auditthemas bzw. der Auditschwerpunkte, Planung des Ablaufs (zeitlich, bereichsweise), Zusammenstellung des Audit-Teams

- Terminplanung: Audit anmelden und Termine fixieren

- Durchsicht und ggf. Überarbeitung des Fragenkatalogs durch das Audit-Team

- Durchführung einer Vorbesprechung zwischen Audit-Team und dem Leiter sowie ggf. dem betroffenen Personal des zu beurteilenden Bereiches: dabei Erstellung eines Detailprogramms zur Durchführung des Audits

- Durchführung des Audits: Aufnahme des IST-Zustandes

- Abschlußgespräch zwischen Audit-Team und dem Leiter sowie ggf. mit dem Personal des beurteilten Fachbereichs: dabei gemeinsame Auditbewertung

- Erstellen des Auditberichtes einschließlich Schwachstellen, Hinweisen und entsprechenden Verbesserungsvorschlägen; danach Einholen einer Stellungnahme des beurteilten Bereiches (Akzeptanz)

- Veranlassung der Korrekturmaßnahmen (Verantwortung und Termin festlegen)

- Ergänzung des Qualitätsauditplans (tatsächlichen Audittermin eintragen, ggf. Folgeaudit einfügen)

- Überwachen der eingeleiteten Korrekturmaßnahmen durch das Audit-Team oder den Auditleiter

- Folgeaudit (ggf. mit verbessertem Fragenkatalog) bzw. Überprüfung der durchgeführten Korrekturmaßnahmen durch einen Nachaudit

Alle zu beurteilenden Stellen sind verpflichtet, den Auditoren vollständige Auskunft zu geben und alle angeforderten Unterlagen vorzulegen. Sie sind bei der anschließenden Erörterung und Festlegung von Korrekturmaßnahmen mit einzubeziehen.

<table>
<tr><td>VERFAHRENSANWEISUNG
DOKUMENTENNR.: VA-0028-2-0595
Seite 7 von 9</td></tr>
</table>

Verfahrensanweisung QS-007

4.6. Erstellung des Auditberichts

Für das Abfassen eines Auditberichtes ist das Formblatt „Qualitätsauditbericht"
vorgesehen. Nachfolgend einige Hinweise für die Erstellung des Auditberichtes:

Zu „überprüfter Geschäftsbereich":
Hier ist der beim Audit begutachtete Bereich bzw. das Auditthema (z.B. „Einkauf" oder
„Reklamationsbearbeitung" etc.) anzugeben. Dabei kann es sich um Fachbereiche bzw.
Abteilungen oder bestimmte Verfahren bzw. Abläufe handeln.

Zu „Allg. Auditfeststellungen / Ergebnisse":
Hier soll in Kurzform eine Zusammenfassung der Auditbefunde dargestellt werden, die
sich nach Auswertung der Fragenkataloge ergeben haben. Abweichungen, Defizite bzw.
Schwachstellen sollen mit fortlaufender Nummer einzeln aufgeführt werden, damit unter
Bezug auf diese Nummer die Empfehlungen zur Beseitigung ebenso einzeln aufgeführt
werden können.

Zu „Empfehlungen für Korrektur- / Vorbeugungsmaßnahmen":
Zu den Empfehlungen zu den Korrektur- / Vorbeugungsmaßnahmen sind jeweils ein
Zuständiger und eine Terminvorgabe festzulegen und zwischen dem Auditleiter und dem
Leiter des beurteilten Fachbereiches zu vereinbaren, damit sie möglichst zügig erörtert
und umgesetzt werden können. Dabei kann es zweckmäßig sein, Empfehlungen in kurz-,
mittel- und langfristige Maßnahmen aufzugliedern.
Zur Dokumentation der Kenntnisnahme und Akzeptanz obiger Festlegungen bestätigt
der zuständige Mitarbeiter dies mit seiner Unterschrift.

Zu „Anlagen / Bemerkungen":
Hier sollen Hinweise zu begutachteten Dokumenten oder Angaben zu den zugehörigen
Fragekatalogen gemacht werden, die dem Qualitätsaudit zugrunde gelegt worden sind.

Zu „Verteiler":
Im Regelfall ist folgender Verteiler vorgesehen: je ein Exemplar erhalten:
die Geschäftsleitung, der Leiter des Qualitätswesens (einschl. Fragenkatalog), der
Auditleiter, der Leiter des auditierten Bereichs.
Weitere Exemplare nach Bedarf. In Absprache mit der Geschäftsleitung können auch
externe Stellen Exemplare erhalten.

<table>
<tr><td></td><td>VERFAHRENSANWEISUNG
DOKUMENTENNR.: VA-0028-2-0595
Seite 8 von 9</td></tr>
</table>

Verfahrensanweisung QS-007

Die in Auditberichten festgelegten Zuständigen für die Durchführung von Korrekturmaßnahmen sind verpflichtet, die beschlossenen Korrekturmaßnahmen innerhalb der festgelegten Fristen durchführen zu lassen oder ggf. eine Fristverlängerung ausreichend zu begründen.

4.7. Dokumentationspflicht

Diese VA unterliegt der Dokumentationspflicht. Bei Änderungen ist ein Exemplar der ungültigen Ausgabe noch mindestens 3 Jahre beim Qualitätswesen aufzubewahren. Danach ist eine Aussonderung nur mit Genehmigung des Qualitätsbeauftragten möglich.

Zur Dokumentation gehören:

       - der ausgefüllte Qualitätsauditplan nach Ziffer 4.2
       - die Fragenkataloge nach Ziffer 4.4
       - die erstellten Auditberichte nach Ziffer 4.6

Ein Exemplar des jeweiligen Dokuments muß mindestens 3 Jahre beim Leiter des Qualitätswesens aufbewahrt werden.

5. <u>Mitgeltende Unterlagen</u>

-   Qualitätsmanagementhandbuch, Abschnitt 17 „Interne Qualitätsaudits"
-   Fragenkatalog
-   Qualitätsauditplan
-   Qualitätsauditbericht

DIN ISO 10011:
Leitfaden für das Audit von Qualitätssicherungssystemen

Teil 1	Auditdurchführung	(Juni 1992)
Teil 2	Qualifikationskriterien für Auditoren	(Juni 1992)
Teil 3	Management von Auditprogrammen	(Juni 1992)

Verfahrensanweisung QS-007

DIN EN ISO 8402: Qualitäts-Begriffe
Ziffer 4.9   „Qualitätsaudit"   (August 1995)
Ziffer 4.11   „(Qualitäts-) Auditor"   (August 1995)

DIN EN ISO 9001:
Qualitätsmanagementsysteme - Modell zur Qualitätssicherung/QM-Darlegung in Design, Entwicklung, Produktion, Montage und Wartung
Ziffer 4.17   „Interne Qualitätsaudits" (August 1994)

DGQ-Schriften
Nr. 12-63   „Systemaudit"
Nr. 13-41   „Produkt- und Verfahrensaudit"

6. Änderungsdienst

Der Änderungsdienst dieser VA ist an die Geschäftsleitung delegiert worden.

7. Verteiler

- Geschäftsleitung
- Abteilungsleiter
- Auditleiter
- Auditoren

8. Anhang

- Qualitätsauditplan
- Qualitätsauditbericht

Jahr:	Nr.:		QUALITÄTS-AUDITPLAN DOKUMENTENNR.: QS-0071/1-02/95

Geschäftsbereich/ Abteilung	Normenkapitel Referenz ISO 9001	Datum geplant	Datum tatsächlich	Audit-Team	Bemerkungen

Erstellt (Datum / Unterschrift)	Genehmigt / Geprüft (Datum / Unterschrift)

<table>
<tr><td></td><td>QUALITÄTSAUDITBERICHT
DOKUMENTENNR.: QS-0072/1-2/95
Blatt 1 von 2</td></tr>
</table>

Datum des Berichts: [ ]   Datum des Audits : [ ]

Überprüfter Geschäftsbereich (Auditthema):

Abteilung / Fachbereich / Stelle (Verantwortlicher / Ansprechpartner):

Auditleiter: Auditor(en):

Weitere Teilnehmer:

Ziel des Qualitätsaudits:

Allg. Auditfeststellungen / Ergebnisse: (ggf. Rückseite verwenden)

QUALITÄTSAUDITBERICHT
DOKUMENTENNR.: QS-0072/1-2/95
Blatt 2 von 2

Empfehlungen für Korrektur- / Vorbeugungsmaßnahmen	Ziel der Maßnahme	Zuständig	Termin	Bestätigung (Datum/Unterschrift)
(ggf. Rückseite verwenden)				

Bemerkungen / Anlagen

Verteiler
Geschäftsleitung, Qualitätswesen, Auditleiter, Leiter des auditierten Bereichs

Unterschrift **Auditleiter**	Unterschrift(en) **Auditor(en)**

5 Die Verfahrensanweisungen

Auf der Grundlage des QM-Handbuches sind noch Verfahrensanweisungen zu erstellen, die das unternehmensweite QM-System dann in weiteren Details beschreiben. Verfahrensanweisungen sollen eine systematische, geprüfte und für alle Beteiligten durchschaubare Vorgehensweise für die Arbeitsausführung festlegen. Darum sind sie für die effektive Umsetzung eines QM-Systems von entscheidender Bedeutung. Sie sind zweckmäßigerweise von den Stellen zu erstellen und herauszugeben, die für die Festlegung des Verfahrens zuständig sind.

Die Verfahrensanweisungen stellen nach dem QM-Handbuch und den Ablaufplänen, als Darlegungsform der Aufbau- und Ablauforganisaton, die Stufe mit nächsthöherem Detaillierungsgrad dar. In den Bereichen, in denen ein noch höherer Detaillierungsgrad sinnvoll erscheint, dienen sie wiederum als Richtlinie, wobei Einzelheiten dann in Arbeits- und Prüfanweisungen geregelt werden. Diese, letzte Stufe der Darlegung bzw. Dokumentation eines QM-Systems ist in erster Linie im Produktionsbereich erforderlich.

Die Erfahrung hat gezeigt, daß die Erarbeitung sämtlicher, für die Dokumentation und Darlegung eines QM-Systems erforderlichen Verfahrensanweisungen, den langwierigsten Teil bei der Einführung eines normkonformen QM-Systems darstellt. Man sollte daher im Laufe des gesamten Projekts, schon so früh wie möglich mit der Erstellung von Verfahrensanweisungen beginnen, allerdings nur in solchen Bereichen, in denen bereits annähernd im Sinne des Qualitätsmanagements bzw. der DIN EN ISO 9000ff. gearbeitet wird. Andernfalls würde man einen unnötigen Änderungsaufwand in Kauf nehmen müssen.

Wie bereits erwähnt, wird das QM-Handbuch im allgemeinen aus akquisitorischen Gründen auch an externe Stellen abgegeben. Die zur QM-Dokumentation gehörenden produkt- und systemspezifischen Verfahrensanweisungen dürfen jedoch zum Schutz des Firmen-Know-hows nicht weitergegeben werden; und falls doch, dann nur mit ausdrücklicher Genehmigung der Geschäftsleitung bzw. des zuständigen Abteilungs-/ Fachbereichsleiters.

Aus diesem Grund ist die Trennung von QM-Handbuch und den Verfahrensanweisungen in separate Ordner zu empfehlen. Die zu den QM-Elementen des QM-Handbuchs erstellten Verfahrensanweisungen sollten im Anhang des QM-Handbuchs mit Ordnungsnummer, Titel und Ausgabedatum aufgelistet werden.

Je nach Zweckmäßigkeit sollen Verfahrensanweisungen an den Arbeitsplätzen in einem speziellen Ordner mit eindeutiger Aufschrift „Verfahrensanweisungen" geführt oder dort gut sichtbar an einer geeigneten Stelle ausgehängt werden. Erst wenn sie an den Arbeitsplätzen zur Verfügung stehen, kann erwartet werden, daß die praxisgerecht erstellten und durchdachten Arbeitsabläufe zur Kenntnis genommen und dementsprechend befolgt werden.

Für die grundsätzliche Gestaltung von Verfahrensanweisungen sollte eine separate Verfahrensanweisung erstellt und im Unternehmen eingeführt werden, bevor mit der Entwicklung von Verfahrensanweisungen begonnen wird. Hierbei ist der Inhaltsgliederung ein besonderes Augenmerk zu widmen, da sie in ihrem grundsätzlichen Aufbau immer eingehalten werden sollte. Das ständige Einhalten einer einmal festgelegten Gliederung hat den Vorteil, daß sich sowohl Ersteller und Prüfer als auch Nutzer einer Verfahrensanweisung stets leicht zurechtfinden und durch Gewöhnung bereits wissen, wo was nachzulesen ist. Eine solche Verfahrensanweisung soll hier beispielhaft dargestellt werden. Sie zeigt den Aufbau bzw. die Gliederung, wie sie von der DGQ empfohlen wird.

<table>
<tr><td></td><td>VERFAHRENSANWEISUNG
DOKUMENTENNR.: VA-0001-1-0195
Seite 1 von 7</td></tr>
</table>

Verfahrensanweisung GL-001

Verfahrensanweisung zur Behandlung von Verfahrensanweisungen und Qualitätsaufzeichnungen

Inhaltsverzeichnis   Seite

	Erstellt	Geprüft	Freigabe
Name			
Unterschrift			
Datum			

<table>
<tr><td></td><td>VERFAHRENSANWEISUNG
DOKUMENTENNR.: VA-0001-1-0195
Seite 2 von 7</td></tr>
</table>

Verfahrensanweisung GL-001

Verfahrensanweisung zur Behandlung von Verfahrensanweisungen und Qualitätsaufzeichnungen

1. Zweck

Mit dieser Verfahrensanweisung (VA) legt die Geschäftsleitung das Vorgehen für die Erstellung, Prüfung, Einführung und Pflege von Verfahrensanweisungen und Qualitätsaufzeichnungen fest. Weiterhin wird der grundsätzliche Aufbau von Verfahrensanweisungen festgelegt.

Die Verfahrensanweisungen beinhalten Festlegungen bzw. Regelungen unseres Unternehmens im Rahmen des QM-Systems. Sie beschreiben die Vorgehensweise bei der Durchführung qualitätsrelevanter Tätigkeiten.

2. Anwendungsbereich

Diese Verfahrensanweisung gilt in allen Abteilungen unseres Unternehmens.

3. Begriffe

Verfahrensanweisungen (gemäß DGQ)
Verfahrensanweisungen sind Anweisungen für eine Verfahrensweise, die zum Zwecke des sicheren Erreichens einer geprüften Zielvorgabe (im Bereich der Qualitätssicherung das Qualitätsziel) erstellt werden. Sie sind von den Stellen herauszugeben, die für die Festlegung des Verfahrens zuständig sind (die Organisationskompetenz muß der Stelle zugeordnet sein). In der Darstellung der Abläufe sind die Zuständigkeiten für die einzelnen Tätigkeiten aufzuzeigen sowie deren Verknüpfungen.
In den Verfahrensanweisungen können zusätzlich geltende interne und externe Unterlagen wie Arbeitsanweisungen und Richtlinien aufgeführt werden, um in den Verfahrensanweisungen selbst auf Details verzichten und sie dadurch übersichtlicher halten zu können.
Die Verfahrensanweisungen unterliegen einem Änderungsdienst.

Verfahrensanweisung GL-001

4. Beschreibung / Zuständigkeiten

4.1 Die Geschäftsleitung legt mit dieser VA fest, daß Verfahren bzw. Abläufe, die für die Einführung und Aufrechterhaltung des QM-Systems nach DIN EN ISO 9001 und die Sicherung der Qualität der Produkte relevant sind, schriftlich festgelegt sein müssen.

4.2 Für die Erstellung der VA's ist im Regelfall diejenige Abteilung, insbesondere der jeweilige Abteilungsleiter, zuständig, die auch für die Organisation dieser Tätigkeit zuständig ist. Betrifft eine VA mehrere Abteilungen, so ist diese in Zusammenarbeit mit allen betroffenen Abteilungen zu erstellen. Sämtliche VA's sind unter Mitwirkung bzw. Einbeziehung des Qualitätsbeauftragten zu erstellen, der in letzter Konsequenz für die sachgerechte Dokumentation des QM-Systems innerhalb des QM-Handbuchs verantwortlich ist.

4.3 Ordnungssystem für Verfahrensanweisungen und Qualitätsaufzeichnungen

Das Ordnungssystem zur Kennzeichnung von Verfahrensanweisungen und Qualitätsaufzeichnungen ist folgendermaßen festgelegt:

Beispiel einer Verfahrensanweisung: VA Nr.: GL-001

Hierin bedeuten:　　GL =　　Kurzzeichen der Abteilung, die für die Bearbeitung
　　　　　　　　　　　　　　　zuständig ist (Herausgeber)
　　　　　　　　　001 =　　Laufende Nummer des Dokuments in der Abteilung

Folgende Abteilungskurzzeichen sind eingeführt:

EK	=	Einkauf
F	=	Finanzen
GL	=	Geschäftsleitung
LV	=	Lager / Versand
P	=	Produktion
PW	=	Personalwesen
QW	=	Qualitätswesen
V	=	Vertrieb

<table>
<tr><td></td><td>VERFAHRENSANWEISUNG
DOKUMENTENNR.: VA-0001-1-0195
Seite 4 von 7</td></tr>
</table>

Verfahrensanweisung GL-001

Beispiel für Qualitätsaufzeichnungen:

Formblatt-Nr.: QW-012/2-11/94

Hierin bedeuten: QW-012/ = Formblatt Nr. 12, das von der Abteilung
                                 Qualitätswesen herausgegeben wurde
                     2-11/94 = Formblatt-Ausgabe 2 vom November 1994

Besteht ein Formblatt aus mehreren Blättern/Seiten, so ist der Formblatt-Nummer z.B.
Blatt/Seite 1 von 3, Blatt/Seite 2 von 3, Blatt/Seite 3 von 3 anzufügen.

4.4 Gliederung des Inhalts von Verfahrensanweisungen

Verfahrensanweisungen müssen in ihrem Inhalt stets einheitlich gegliedert sein.
Folgende Gliederung ist einzuhalten:

VA - Nr.

Überschrift / Titel

1. Zweck

2. Anwendungsbereich

3. Begriffe   (nur bei Bedarf)

4. Beschreibung / Zuständigkeiten

5. Mitgeltende Unterlagen

6. Änderungsdienst

7. Verteiler

8. Anhang   (nur bei Bedarf)

Verfahrensanweisung GL-001

4.5 Änderungsdienst

VA's sind ständig an die aktuellen Gegebenheiten anzupassen, weshalb ein Änderungsdienst eingerichtet werden muß. Zuständig ist diejenige Abteilung, die die VA
herausgegeben hat. Sie ist unter Ziffer 6. „Änderungsdienst" der VA aufgeführt.

Bei einer Änderung innerhalb einer VA muß die komplette VA ausgetauscht werden.

Der mit dem Änderungsdienst beauftragte Sachbearbeiter führt eine Liste über die
eingeführten VA's, ihren Änderungsstand und die Stellen, die diese erhalten haben. Er
selbst oder sein Vertreter ist zuständig, daß neue oder geänderte Ausgaben nach Eintrag
des Freigabevermerks schnellstmöglich den im Verteiler benannten Stellen zur
Verfügung stehen. Ungültige VA's sind einzuziehen. Der erfolgte Austausch ist in der
Liste mit Datum und Unterschrift zu protokollieren.

4.6 Kennzeichnungsvermerk

Eine VA darf an externe Stellen nur mit Genehmigung des Herausgebers ausgegeben
werden. VA's, die Betriebsfremden nicht zugänglich gemacht werden dürfen, sind
folgendermaßen zu kennzeichnen:

> „Ausgabe an Betriebsfremde nur mit Genehmigung der Geschäftsleitung"

Zusätzliche Kopien von VA's, die nur zur Information dienen und dem Änderungsdienst
nicht unterliegen, sind folgendermaßen zu kennzeichnen:

> „Nur zur Information - Änderungsdienst nicht vorgesehen"

<table>
<tr><td>VERFAHRENSANWEISUNG
DOKUMENTENNR.: VA-0001-1-0195
Seite 6 von 7</td></tr>
</table>

Verfahrensanweisung GL-001

4.7 Unterzeichnung und Freigabe von Verfahrensanweisungen

Der Sachbearbeiter, der die VA erstellt hat, versieht diese im Kasten „Erstellung" mit Datum und Namen.
Der für die VA zuständige Abteilungsleiter, überprüft die VA, versieht sie mit dem Prüfdatum und seiner Unterschrift.
Die Freigabe ist erteilt, wenn die VA mit Datum und Unterschrift desjenigen unterzeichnet ist, der letzendlich für die Umsetzung verantwortlich ist. Das Datum der Ausgabe kennzeichnet auch den Zeitpunkt, ab dem die Festlegungen der VA befolgt werden müssen. Eine VA darf im Unternehmen erst nach dem Eintrag des Freigabevermerks angewendet werden.

4.8 Verteiler

Unter diesem Punkt ist festzulegen, wem die jeweilige VA zur Verfügung zu stellen ist. Der betreffende Abteilungsleiter entscheidet, ob an den Arbeitsplätzen seiner Abteilung zusätzliche Exemplare erforderlich sind.
Für das Vorliegen gültiger Verfahrensanweisungen am jeweiligen Arbeitsplatz ist der Abteilungsleiter zuständig, in dessen Abteilung der Arbeitsplatz liegt.
Die Abteilungsleiter haben die Mitarbeiter anzuweisen, vor Anwendung einer VA bei der für den Änderungsdienst zuständigen Stelle feststellen zu lassen, ob diese dem letzten Änderungsstand entspricht und gültig ist.

4.9 Dokumentationspflicht

Alle VA's und Qualitätsaufzeichnungen unterliegen grundsätzlich der Dokumentationspflicht. Bei einer Änderung ist ein Exemplar der ungültigen Ausgabe noch mindestens 3 Jahre beim Qualitätsbeauftragten aufzubewahren. Danach darf eine Aussonderung nur mit seiner Genehmigung erfolgen.

VERFAHRENSANWEISUNG
DOKUMENTENNR.: VA-0001-1-0195
Seite 7 von 7

Verfahrensanweisung GL-001

5. <u>Mitgeltende Unterlagen</u>

- QM-Handbuch - Abschnitt 2.4.2 „Qualitätsmanagementsystem"
                 - Abschnitt 5.3   „Lenkung der Dokumente und Daten"

- DIN EN ISO 9001, Ziffer 4.16 „Lenkung von Qualitätsaufzeichnungen"

6. <u>Änderungsdienst</u>

Der Änderungsdienst für diese VA ist an die Geschäftsleitung delegiert worden.

7. <u>Verteiler</u>

Diese VA ist jedem Abteilungsleiter zur Verfügung zu stellen. Dieser entscheidet, ob an Arbeitsplätzen seiner Abteilung zusätzliche Exemplare erforderlich sind.

8. <u>Anhang</u>

Ausblick

1 Die Herstellererklärung zum QM-System

Ein wirksames QM-System schließt nicht auch seine Zertifizierung ein, ist jedoch deren Voraussetzung. Die Zertifizierung stellt jedoch nur eine Möglichkeit dar, ein funktionierendes QM-System nachzuweisen.

Eine Alternative dazu könnte die Herstellererklärung zum QM-System sein. Eine Herstellererklärung (Konformitätserklärung) zum QM-System darf nicht mit den sonst bekannten Konformitätserklärungen gemäß EU-Richtlinien verwechselt werden. Die Letzteren haben einen gesetzlichen Hintergrund.

Herstellererklärungen zum QM-System resultieren aus einem „selbstbegutachteten" (selbstauditierten) oder „zertifizierten" QM-System. Als einzige nationale Normengrundlage hierfür steht bisher die DIN 66066, Teil 3, (1994), die jedoch - davon kann ausgegangen werden - von der überarbeiteten ISO EN 45014 als allgemeingültige Richtlinie abgelöst werden wird.

ISO / CASCO 221 (Rev. 2) dagegen umfaßt allgemein Managementsysteme, die von einer „Erst-, Zweit- oder Drittstelle" begutachtet sein müssen.

Von seiten des „Verbandes Deutscher Maschinen- und Anlagenbau e.V. (VDMA)" werden einschlägige Empfehlungen erwartet, die die Anwendung derartiger Herstellererklärungen unterstützen sollen.

Im Gegensatz zu einem Zertifikat, bei dem ein Dritter die Übereinstimmung mit der jeweils zugrundeliegenden Norm überprüft, erklärt der Hersteller bei der Herstellererklärung eigenverantwortlich die „Erfüllung" bzw. Einhaltung der Forderungen der Norm.

Obwohl bisher kein verbindliches Rechtsurteil über haftungsrelevante Grundsätze von QM-Systemen existiert, kann über die rechtliche Bedeutung von Herstellererklärungen folgendes gesagt werden:

- Herstellererklärungen können in Verbindung mit einem Vertrag u.U. eine zugesicherte Eigenschaft darstellen (ggf. Vertragsverletzung)

- Herstellererklärungen, die auf falschen Tatsachen beruhen, können zur Wettbewerbsverzerrung führen (§3 UWG (Wettbewerbsrecht)).

Die Vorteile solcher Herstellererklärungen sind:

- die geringeren Kosten durch den „Verzicht" auf die Zertifizierung

- die Kunden-Fokussierung z.B. durch auftragsspezifische Erklärungen

- die umfassende Anwendbarkeit (Managementsysteme, produktspezifisch)

Die allgemeine Entwicklung der (inter-) nationalen Akzeptanz solcher Herstellererklärungen läßt sich zur Zeit noch nicht beurteilen.

Positive Ansatzpunkte hinsichtlich eines effektiven Kunden-Lieferanten-Verhältnisses sind einerseits in der steigenden Eigenverantwortung des Lieferanten zu seinem QM-System und andererseits bei der Reduzierung der Audittätigkeit durch den Kunden zu sehen. In Kombination mit internen Audits können Herstellererklärungen zum QM-System ein bereits vorhandenes Zertifikat um unternehmensspezifische und / oder kundenorientierte Aussagen ergänzen sowie eine echte Alternative zum Zertifikat darstellen, wenn der Kunde sie akzeptiert.

Wenn die bisherige Akzeptanz und Anwendung solcher Herstellererklärungen zum QM-System auch noch recht gering sind, so dürfte sich in Zukunft bei einer sinnvollen Nutzung auf breiterer Basis eine positive Entwicklung hin zu dieser Alternative einstellen.

2 Umweltmanagement-Systeme

Nachdem sich Qualitätsmanagement-Systeme (QMS) mittlerweile weitreichend etabliert haben und man erfolgreich nach DIN EN ISO 9000 ff. zertifiziert wurde, erscheint so manchen Unternehmer die Frage nach der Einführung eines Umweltmanagement-Systems (UMS). Dies geschieht vor dem Hintergrund, daß durch rechtliche Veränderungen von den Unternehmen immer neue Maßnahmen zum Umweltschutz abverlangt werden, die im Rahmen eines UMS vereint werden könnten. Auch die öffentliche Meinung und die der Mitarbeiter ist bezüglich Umweltfragen kritischer geworden.

Sicherlich ist es in diesem Zusammenhang sinnvoll, nach Möglichkeiten zu suchen, das UMS in bereits existierende Systeme zu integrieren. Diesbezüglich erscheint die Struktur des betrieblichen Qualitätsmanagements als besonders für eine derartige Einbindung geeignet, zumal sich bei näherer Betrachtung einige Überschneidungen finden.

Die im Moment jedoch noch vorherrschende Zurückhaltung der Industrie beruht wohl auf der Tatsache, daß mittlerweile mehrere Regelwerke mit einer Konzeption für UMS auf dem Markt existieren, was zu einer gewissen Unsicherheit bezüglich der Anerkennung des jeweiligen „Umwelt-Gütesiegels" geführt hat.

Zu diesen Regelwerken gehören:

- die EG-Verordnung 1836/93 (EWG) über die freiwillige Beteiligung gewerblicher Unternehmen an einem Gemeinschaftssystem für das Umweltmanagement und die Umweltbetriebsprüfung

- die British Standard (BS) 7750 (1994)

- der Entwurf der ISO 14001

In allen Regelwerken ist ein mehr oder weniger analoger Ansatz für den Aufbau bzw. der Inhalte eines UMS dargestellt. Darum wird im weiteren nur noch die bereits in der Endfassung vorliegende sogenannte EG-Öko-Audit-Verordnung (EWG-Verordnung Nr. 1836/93) betrachtet, wobei lediglich ein allgemeiner Überblick gegeben werden soll.

Anmerkung: Die endgültige Fassung der ISO 14000-er Normenreihe wird voraussichtlich im Herbst 1996 verabschiedet. Sie wird dann auch gleichzeitig als deutsche Norm für das Umweltmanagement übernommen (DIN ISO 14000).

2.1 Vorgehensweise bei der Einführung eines UMS gemäß EG-Öko-Audit-Verordnung

Bei der Beteiligung am EG-Öko-Audit muß ein Unternehmen einige Phasen durchlaufen, die im folgenden kurz erläutert werden.

1. Umweltprüfung

In der Anfangsphase des Projekts sollte zuerst der Istzustand des betrieblichen Umweltschutzes aufgenommen und beurteilt werden. Dabei sollen die vorhandenen Schwachstellen aufgedeckt und analysiert werden.

Im Rahmen der Umweltprüfung werden zunächst die Unterlagen, die im Unternehmen bereits für Belange des Umweltschutzes vorhanden sind, gesammelt und in Hinblick auf die Anforderungen der EG-Richtlinie begutachtet. Danach wird z.B. in Form eines Audits das Unternehmen mit dem Hauptziel untersucht, daß Bereiche und Anlagen, die ein hohes Umweltgefährdungspotential bzw. Umweltprobleme aufweisen, aufgezeigt werden. Dabei sollen auch die jeweiligen Verantwortlichen hinzugezogen und befragt werden, da sie meist über weitreichende Detailkenntnisse verfügen.

Die bei der Umweltprüfung zu berücksichtigenden 12 Gesichtspunkte, die auch bei der Umweltpolitik, dem Umweltprogramm und der abschließenden Umweltbetriebsprüfung beachtet werden müssen, stehen im Anhang I Absatz C der EWG-Verordnung 1836/93.

Abschließend werden die Ergebnisse der Umweltprüfung in einem Bericht zusammengefaßt, in dem die Ergebnisse nach Bereichen bzw. Anlagen geordnet, beurteilt und dementsprechend geeignete korrektive Maßnahmen vorgeschlagen werden.

2. Dokumentation und Einführung des UMS im Unternehmen

Die Dokumentationsstruktur eines UMS ist entsprechend dem QMS in drei Ebenen unterteilt. In dem UM-Handbuch werden Umweltpolitik, -ziele und -programme aufgezeigt sowie das UMS einschließlich Organisation und Zuständigkeiten beschrieben. In den Verfahrens- bzw. Arbeitsanweisungen werden die den Umweltbereich betreffenden Bereiche, Tätigkeiten und Vorgehenweisen umfassend beschrieben.

Wie bei der Erstellung des QM-Handbuches nach DIN EN ISO 9001-9003 sollte als Grundlage zur Gliederung des UM-Handbuches das zugrundegelegte Regelwerk herangezogen werden. Nimmt man die EWG-Verordnung 1836/93 als Standard für das eigene UMS, so ergibt sich nach Anhang I Absatz B folgende Gliederung:

1. Umweltpolitik, -ziele und -programme

2. Organisation und Personal

3. Auswirkungen auf die Umwelt

4. Aufbau- und Ablaufkontrolle

5. Umweltmanagement-Dokumentation

6. Umweltbetriebsprüfungen

Bei der Erarbeitung der notwendigen Unterlagen zum UMS muß man beachten, daß die im Anhang I Absatz C aufgelisteten 12 Gesichtspunkte berücksichtigt werden.

3. Umweltbetriebsprüfung

Im Rahmen der Umweltbetriebsprüfung (auch Umweltschutzaudit genannt) wird, wie bei einem internen Audit, die Effektivität des UMS analysiert. Dabei wird sowohl eine Dokumentenprüfung durchgeführt, als auch deren Umsetzung im Unternehmen begutachtet. Eine derartige Betriebsprüfung muß in mindestens dreijährigem Rhythmus stattfinden.

Die Umweltbetriebsprüfung schließt folgende Gesichtspunkte ein:

– Überprüfung der Dokumentation des UMS

– Bewertung der Umsetzung und der Wirksamkeit des bestehenden UMS

– Überprüfung der Übereinstimmung der Umweltpolitk und dem Umweltprogramm des Unternehmens

– Überprüfung der Anwendung einschlägiger Umweltvorschriften

– Beurteilung der Daten, die zur Bewertung des betrieblichen Umweltschutzes notwendig sind

Über die Umweltbetriebsprüfung muß ein schriftlicher Bericht erstellt werden, um die dabei erörterten Feststellungen und Schlußfolgerungen festzuhalten. Hierbei müssen auch die Schwächen und Stärken des UMS beurteilt und hervorgehoben werden, da der Bericht als Grundlage für die Erarbeitung der neuen Umweltzielsetzung und -programmentwicklung dient. Daraufhin müssen basierend auf den festgestellten Schwachstellen Korrektur- und Verbesserungsmaßnahmen ausgearbeitet und verwirklicht werden.

4. Öffentliche Umwelterklärung

Nach Abschluß der Umweltbetriebsprüfung fordert die EG-Öko-Audit-Verordnung die Erstellung einer Umwelterklärung des Unternehmens (Standorts) für die Öffentlichkeit auf der Basis der Feststellungen der Betriebsprüfung. Dabei soll das Unternehmen eine Selbstdarstellung seiner Aktivitäten auf dem Gebiet des Umweltschutzes erarbeiten. Hierzu gehören die Darlegung seiner Umweltpolitik, -ziele und -programme sowie die

Organisation des betrieblichen Umweltschutzes. Weiterhin sollen die Umweltauswirkungen der Unternehmensbereiche beschrieben und Emissionen mengenmäßig
offengelegt werden. Da es sich um einen Bericht für die interessierte Öffentlichkeit und
nicht nur für die Fachwelt handelt, ist besonders auf eine allgemein verständliche
Ausdrucksweise und Darstellung zu achten.

Die Umwelterklärung sollte laut EWG-Verordnung 1836/93 Artikel 5 mindestens
folgende Aspekte umfassen:

- eine Beschreibung der Tätigkeiten des Unternehmens an dem betreffenden
  Standort

- eine Beurteilung aller wichtigen Umweltfragen im Zusammenhang mit den
  betreffenden Tätigkeiten

- eine Zusammenfassung der Zahlenangaben über Schadstoffemissionen, Ab-
  fallaufkommen, Rohstoff-, Energie- und Wasserverbrauch und gegebenenfalls
  über Lärmbelästigung und andere bedeutsame umweltrelevante Aspekte, soweit
  angemessen

- sonstige Faktoren, die den betrieblichen Umweltschutz betreffen

- eine Darstellung der Umweltpolitik, des Umweltprogramms und des Umwelt-
  managementsystems des Unternehmens für den betreffenden Standort

- den Termin für die Vorlage der nächsten Umwelterklärung

- den Namen des zugelassenen Umweltgutachters

Wenn es sich um eine Folge-Erklärung handelt, so sollte auf alle bedeutsamen
Veränderungen bzw. Verbesserungen hingewiesen werden, die sich seit der letzten
Erklärung ergeben haben.

Zwischen den im dreijährigen Rhythmus stattfindenden Umweltbetriebsprüfungen ist
jährlich eine vereinfachte Umwelterklärung zu erstellen, die zumindest die Bilanzen der
einzelnen Umweltschutzaspekte umfaßt und auf die wichtigsten Verbesserungen seit der
vorigen Erklärung hinweist.

5. Begutachtung des UMS durch einen zugelassenen Umweltgutachter

Um das UMS einschließlich Umweltbetriebsprüfung und Umwelterklärung des Unternehmens im Sinne der EWG-Verordnung für gültig zu erklären, muß dieses von einem unabhängigen und zugelassenen Umweltgutachter überprüft werden.

Dabei werden die folgenden Gegebenheiten auf Übereinstimmung mit den Vorschriften der EWG-Verordnung überprüft:

- Festlegung der Umweltpolitik und -ziele

- Vorhandensein eines dokumentierten UMS einschl. Umweltprogramm und deren Anwendung am jeweiligen Standort des Unternehmens

- Durchführung und Dokumentation der Umweltprüfung und der Umweltbetriebsprüfung

- Berücksichtigung sämtlicher für den betrieblichen Umweltschutz des Standorts relevanten Daten in der Umwelterklärung sowie deren wahrheitsgemäße Wiedergabe

Werden diese Gegebenheiten von dem Umweltgutachter für zufriedenstellend und die Umwelterklärung für in Ordnung gehalten, so erklärt er sie für gültig (Gültigkeitserklärung). Gegebenenfalls erforderliche Änderungen, die sich aus der Begutachtung ergeben, müssen vor der Gültigkeitserklärung aufgenommen werden. Sollten jedoch noch wesentliche Abweichungen bzw. Schwachstellen vorhanden sein, so gibt der Umweltgutachter diese in einem Bericht mit entsprechenden Empfehlungen für die erforderlichen Korrekturen bzw. Verbesserungen an. Er kann dann die Gültigkeitserklärung erst ausstellen, wenn diese Maßnahmen innerhalb des Systems durchgeführt wurden.

6. Registrierung

Zur Registrierung der freiwilligen Teilnahme an der EG-Öko-Audit-Verordnung sieht diese die Führung eines Teilnehmerverzeichnisses und der Teilnehmererklärungen vor. Hierzu reicht das Unternehmen nach Abschluß aller erforderlichen Aktivitäten seine gültige Umwelterklärung einschließlich Gutachten bei einer zuständigen Stelle ein, die von den jeweils beteiligten Mitgliedstaaten benannt werden muß. Diese Stelle trägt das Unternehmen (bzw. den Standort) in dem Verzeichnis, das jährlich erneuert wird, ein und veranlaßt die Veröffentlichung aller Unternehmen im Amtsblatt der Europäischen Gemeinschaft. Das Unternehmen erhält in diesem Zusammenhang eine Teilnahmebestätigung.

2.2   Inhalt der EG-Öko-Audit-Verordnung

Im Anhang I Absatz B der EG-Verordnung 1836/93 ist ein Konzept für ein UMS mit den zu berücksichtigenden Inhalten dargestellt. Ein wichtiger Aspekt ist dabei, daß das UMS so eingeführt werden muß, daß es zur ständigen Verbesserung des betrieblichen Umweltschutzes des Unternehmens beiträgt.

Anhand dieser allgemeinen Anforderungen läßt sich der Aufbau eines UMS gestalten. Die erforderliche Dokumentation ist jedoch von dem jeweiligen Betriebsablauf und den vor Ort ausgeführten Tätigkeiten abhängig.

Hier sollen nun die Elemente der EG-Verordnung im einzelnen kurz beschrieben werden.

1. Umweltpolitik, -ziele und -programme

Das Unternehmen muß auf höchster, dafür geeigneter Managementebene eine Umweltpolitik, Umweltziele und -programme festschreiben und diese in regelmäßigen Zeitabständen einer Überprüfung unterziehen und ggf. den neuen Anforderungen anpassen.

2. Organisation und Personal

Verantwortung und Befugnisse

Für die in Schlüsselfunktionen des betrieblichen Umweltschutzes tätigen Mitarbeiter müssen die Verantwortlichkeiten, Befugnisse und gegenseitigen Beziehungen festge- schrieben werden.

Managementvertreter

Es muß ein Vertreter des Managements benannt werden, der die Verantwortung und auch die Befugnis für die Aufrechterhaltung und Anwendung des UMS trägt.

Personal, Kommunikation und Ausbildung

Es müssen Verfahren eingeführt werden, die sicherstellen, daß alle Beschäftigten über die Umweltpolitik und -ziele, den ökologischen Nutzen eines UMS, über die von ihrer Tätigkeit ausgehenden Auswirkungen auf die Umwelt, über ihre Rolle bei der Einhaltung der Anforderungen des UMS sowie über die Folgen einer Nichtbefolgung dieser Vorgaben informiert werden.

Das Unternehmen muß diesbezüglich den Ausbildungsbedarf feststellen und bei Bedarf entsprechende Schulungen durchführen.

Es müssen Verfahren eingerichtet werden, nach denen die interne und externe Kommunikation bezüglich des UMS und der Umweltauswirkungen des Unternehmens geregelt wird.

3. Auswirkungen auf die Umwelt

Die von der Tätigkeit eines Unternehmens (Standorts) ausgehenden Umweltauswirkungen müssen ermittelt, bewertet und in einem Verzeichnis registriert werden.

Dabei sind folgende Kriterien zu berücksichtigen:

- kontrollierte und unkontrollierte Emissionen in die Atmosphäre

- kontrollierte und unkontrollierte Ableitungen in Gewässer oder in die Kanalisation

- feste und andere Abfälle, insbesondere gefährliche Abfälle

- Kontaminierung von Erdreich

- Nutzung von Boden, Wasser, Brennstoffen und Energie sowie andere natürliche Ressourcen

- Freisetzung von Wärme, Lärm, Geruch, Staub, Erschütterungen und optische Einwirkungen

- Auswirkungen auf bestimmte Teile der Umwelt und auf Ökosysteme

Dabei müssen sowohl normale als auch abnormale Betriebsbedingungen, Vorfälle, Störfälle und mögliche Notfälle berücksichtigt werden. Es müssen die Auswirkungen von den derzeitigen sowie den früheren und geplanten Tätigkeiten beachtet werden.

Von den für den Standort geltenden Rechts- und Verwaltungsvorschriften und sonstigen umweltpolitischen Anforderungen muß ein Verzeichnis angelegt und gepflegt sowie deren Einhaltung im betrieblichen Umweltschutz sichergestellt werden.

4. Aufbau- und Ablaufkontrolle

Festlegung von Aufbau- und Ablaufverfahren

Für Funktionen, Tätigkeiten und Verfahren mit relevanten oder möglichen Auswirkungen auf die Umwelt bzw. die relevant sind in Bezug auf die Vorgaben der Umweltpolitik und -ziele des Unternehmens müssen Anweisungen festgeschrieben werden, die deren sachgerechte Durchführung beschreiben. In diesem Zusammenhang muß die Überwachung von verfahrenstechnischen Aspekten, wie z.B. die Beseitigung von Abfällen und Abwässern beachtet werden.

Dabei müssen auch die Lieferanten und Unterauftragnehmer einbezogen werden, um sicherzustellen, daß die sie betreffenden ökologischen Anforderungen eingehalten werden.

Weiterhin muß eine Vorgehensweise bei Genehmigungen von Verfahren und Ausrüstungen sowie für die Leistungsbewertung des betrieblichen Umweltschutzes festgeschrieben werden.

Kontrolle

Es müssen Verfahren existieren, nach denen die Einhaltung der firmeninternen Anforderungen zum Umweltschutz kontrolliert sowie in Ergebnisprotokollen festgehalten werden. Hierzu müssen die relevanten Informationen gesammelt und dokumentiert, Akzeptanzkriterien definiert und Maßnahmen bei unbefriedigenden Ergebnissen ergriffen werden. Um die richtige Funktion des Kontrollsystems zu gewährleisten, ist die Brauchbarkeit der Informationen sowie der eingeleiteten Maßnahmen aus vorhergehenden Kontrollen zu beurteilen.

Nichteinhaltung und Korrekturmaßnahmen

Bei der Nichtbeachtung der Vorgaben aus Umweltpolitik, -zielen bzw. -normen des Unternehmens sind den aufgetretenen Risiken entsprechend Korrektur- und Vorbeugungsmaßnahmen einzuleiten. Dazu muß der Grund für die Abweichung erörtert, ein Aktionsplan aufgestellt, die Maßnahme umgesetzt, deren Wirksamkeit überwacht und aus den Maßnahmen resultierende Verfahrensänderungen festgehalten werden.

5. Umweltmanagement-Dokumentation

Das UMS muß in einer dokumentierten Form vorliegen, wobei die Umweltpolitik, -ziele und -programme, die Schlüsselfunktionen und -verantwortungen und die Wechselwirkungen zwischen den Systemelementen beschrieben werden müssen. Ferner müssen Aufzeichnungen geführt werden, die belegen, inwieweit die firmeninternen Vorgaben erreicht wurden.

6. Umweltbetriebsprüfungen

Zur Prüfung der Funktionsfähigkeit des UMS müssen in regelmäßigen Abständen interne Audits durchgeführt werden. Dabei muß erörtert werden, ob die Tätigkeiten im Rahmen des UMS effektiv und wirksam umgesetzt werden und in Einklang mit den Umweltschutzvorgaben des Unternehmens stehen.

Im folgenden seien noch die bereits erwähnten 12 Gesichtpunkte der EG-Öko-Audit-Verordnung (Anhang I Absatz C), die bei der Erarbeitung der Dokumentation (Umweltpolitik und -programme) sowie der Umweltbetriebsprüfungen berücksichtigt werden müssen, aufgeführt:

1. Beurteilung, Kontrolle und Verringerung der Auswirkungen der betreffenden Tätigkeit auf die verschiedenen Umweltbereiche

2. Energiemanagement, Energieeinsparungen und Auswahl von Energiequellen

3. Bewirtschaftung, Einsparung, Auswahl und Transport von Rohstoffen; Wasserbewirtschaftung und -einsparung

4. Vermeidung, Recycling, Wiederverwendung, Transport und Endlagerung von Abfällen

5. Bewertung, Kontrolle und Verringerung der Lärmbelästigung innerhalb und außerhalb des Standorts

6. Auswahl neuer und Änderungen bei bestehenden Produktionsverfahren

7. Produktplanung (Design, Verpackung, Transport, Verwendung und Endlagerung)

8. betrieblicher Umweltschutz und Praktiken bei Auftragnehmern, Unterauftragnehmern und Lieferanten

9. Verhütung und Begrenzung umweltschädigender Unfälle

10. besondere Verfahren bei umweltschädigenden Unfällen

11. Information und Ausbildung des Personals in bezug auf ökologische Fragestellungen

12. externe Information über ökologische Fragestellungen

2.3 Vergleich von Qualitäts- und Umweltmanagement-Systemen

Bei näherer Betrachtung der Regelwerke, die den Aufbau eines Umweltmanagement-Systems beschreiben (EWG-Verordnung 1836/93, BS7750:1994), findet man einige Gemeinsamkeiten mit dem Qualitätsmanagement-System nach DIN EN ISO 9000 ff., wobei insbesondere die BS7750:1994 auf der Basis der ISO 9001 entwickelt und demnach analog aufgebaut wurde.

Im folgenden soll ein stichwortartiger Überblick über die wesentlichen Übereinstimmungen und Unterschiede der Regelwerke zur Darlegung eines UMS bzw. QMS gegeben werden.

Übereinstimmungen:

- schriftliche Festlegung einer Unternehmenspolitik zum jeweiligen System

- schriftliche Festlegung der Verantwortungen und Befugnisse im Rahmen des jeweiligen Systems, einschl. Verantwortlichen, der für dessen Aufrechterhaltung zuständig ist

- Dokumentation der relevanten Tätigkeiten, Verfahren und Abläufe in Form von Verfahrens- bzw. Arbeitsanweisungen und eines Handbuches

- regelmäßige Durchführung interner Audits und auf dieser Basis Bewertung der Wirksamkeit des Managementsystems

- Schulungsbedarfsermittlung und Schulung des Personals

- Festlegung einer Verfahrensweise zur Lenkung der Dokumente (diese Forderung fehlt allerdings in der EWG-Verordnung)

- Bei der Beschaffung müssen die Lieferanten anhand bestimmter Kriterien (Definition der Forderungen an das bestellte Produkt) ausgewählt und überwacht werden (Lieferantenbewertung)

- Berücksichtigung der beigestellten Produkte (auch diese Forderung fehlt in der EWG-Verordnung)

- Prozeßlenkung zur Beherrschung der Prozesse bezüglich der Qualitätsfähigkeit bzw. Umweltauswirkungen

- Festlegung von Verfahren zur Prüfung bzw. Prüftätigkeiten, einschl. Dokumentation der Prüfergebnisse in Protokollen

- Prüfmittelüberwachung (fehlt in der EWG-Verordnung)

- Durchführung von Korrektur- und Vorbeugungsmaßnahmen, einschl. dokumentiertes Vorgehen beim Auftreten von Abweichungen

- Führung von Aufzeichnungen (Qualitätsaufzeichnungen bzw. umwelttechnische Aufzeichnungen), die die Wirksamkeit des jeweiligen Managementsystems nachweisen sollen

Unterschiede:

a.   *Forderung der DIN EN ISO 9001, jedoch keine Forderung der Regelwerke zum UMS:*

- Durchführung einer Vertragsprüfung (beim UMS der Gesichtspunkt der umweltgerechten Handlungsweise)

- Regelung der Designlenkung (beim UMS lediglich Berücksichtigung von Umweltauswirkungen bzw. -aspekten bei der Entwicklung/Konstruktion)

- Rückverfolgbarkeit von Produkten

- Festlegung von Vorgehensweisen zur Lenkung fehlerhafter Produkte

- Regelung der Handhabung, Lagerung, Verpackung, Konservierung und des Versandes

- Wartung

- statistische Methoden

b.   *Forderung der Regelwerke zum UMS, jedoch nicht der DIN EN ISO 9001:*

- Verpflichtung zur kontinuierlichen Verbesserung

- Kontrolle von umweltrelevanten Funktionen, Tätigkeiten und Verfahren sowie deren Ergebnisse auf Einhaltung der Anforderungen aus den Umweltzielen bzw. -programmen, mit dem Ziel Abweichungen zu minimieren bzw. sich ständig zu verbessern

- Aufstellung von konkreten Umweltzielen und -programmen

- Registrierung von Umweltauswirkungen des Standorts in einem Verzeichnis

- Festlegung einer Vorgehensweise zur Behandlung von Anfragen bezüglich der Umweltauswirkungen am jeweiligen Standort

- Herausgabe und Veröffentlichung einer Umwelterklärung (nur bei der EWG-Verordnung)

- Registrierung der Teilnahme an der EG-Öko-Audit-Verordnung bei einer zuständigen nationalen Institution (nur bei der EWG-Verordnung)

2.4 Kosten und Nutzen von Umweltmanagement-Systemen

Die Kosten zur Einführung eines UMS setzen sich zusammen aus:

- Kosten für die externe Beratung beim Aufbau eines UMS

- interne Kosten für die Erstellung der Dokumentation und Einführung des UMS im Unternehmen

- Kosten für die Begutachtung des UMS und die Gültigkeitserklärung

Für einen mittelständischen Betrieb belaufen sich die externen Beratungskosten, je nach Eigenleistung, auf ca. 40.000 bis 60.000 DM. Die Kosten für die Einführung und Begutachtung des UMS sind stark abhängig von der Komplexität der betrieblichen Umweltschutzmaßnahmen. Bei kleineren Unternehmen ist dabei mit Mindestkosten von ca. 10.000 DM zu rechnen.

Aus dem Aufbau eines UMS kann folgender Nutzen resultieren:

- systematische Vorgehensweise zur Identifikation von Einsparungspotentialen beim Verbrauch von Wasser, Energie sowie beim Abfall

- Optimierung der umweltrelevanten Betriebsabläufe, wie z.B. Rohstoffverbrauch, Emissionen, Abfall, Produktentsorgung

- Berücksichtigung von Umweltaspekten bei der Produktentwicklung

- Reduzierung der Gefahr von Betriebsstörungen sowie der Risiken bei der Herstellung durch Vorsorgemaßnahmen

- durch Dokumentation des UMS erschließen sich Nachweismöglichkeiten eines umweltgerechten (ordnungsgemäßen) Betriebes, wodurch auch die Zusammenarbeit mit nationalen bzw. regionalen Behörden bezüglich Umweltvorschriften erleichtert wird

- Minderung der Umwelt-Haftungsrisiken; dieser Aspekt wird sowohl bei Versicherungen als auch bei der Kreditvergabe berücksichtigt

- transparente Strukturierung des betrieblichen Umweltschutzes, mit dem Ziel der effektiven Gestaltung der unternehmensweiten Abläufe

- Wettbewerbsvorteil bei der Auftragsvergabe durch Umweltschutz als Marketinginstrument

- besseres Image des Unternehmens in der Öffentlichkeit durch Erklärung zum aktiven Umweltschutz

- angenehmere Arbeitsatmosphäre durch Reduzierung von betriebsbedingten Gesundheitsgefahren (z.B. Schadstoff- und Lärmbelastungen) am Arbeitsplatz; dadurch Förderung der Mitarbeitermotivation

- Förderung des Verantwortungsbewußtseins der Mitarbeiter zur Umwelt

Sollte die Industrie ähnlich wie bei der ISO 9000-er Normenreihe zum Qualitätsmanagement reagieren, so gehört auch bald ein Umweltmanagement-System zum „guten Ton".

Anhang

1 Begriffe

An dieser Stelle sollen, für den mit der Thematik des Qualitätsmanagement noch nicht vertrauten Leser, die wichtigsten Begriffe, die in diesem Zusammenhang verwendet werden, erläutert werden. Nachstehend sind einige häufig vorkommende Benennungen und ihre Definitionen in alphabetischer Reihenfolge wiedergegeben. Es handelt sich dabei teilweise um Auszüge aus der Norm DIN ISO 8402 und der DGQ-Schrift 11-04.

* **Akkreditierung**

Formelle Anerkennung der Kompetenz einer Zertifizierungsstelle, bezeichnete Zertifizierungen auszuführen. Die Zertifizierungsstellen müssen demgemäß festgelegte und überwachte Kriterien (nach DIN EN 45012) erfüllen. Das Ziel ist, daß die von diesen Institutionen (z.B. TÜV, Dekra, usw.) ausgestellten Zertifikate vergleichbar, neutral und allgemein anerkannt sind.

Die Akkreditierung wird durch eine allgemein anerkannte Akkreditierungsstelle gewährt; in Deutschland ist dies die TGA (Trägergemeinschaft für Akkreditierung).

* **Aufzeichnung**

Ein Dokument, das einen Nachweis über eine ausgeführte Tätigkeit oder über erzielte Ergebnisse liefert.

Eine Qualitätsaufzeichnung liefert einen Nachweis über das Ausmaß der Erfüllung der Qualitätsforderung oder über die Effektivität der Arbeitsweise eines Elements des Qualitätsmanagement-Systems. Einige der Zwecke von Qualitätsaufzeichnungen sind Darlegung, Rückverfolgbarkeit sowie Korrektur- und Vorbeugungsmaßnahmen.

* **Darlegungsgrad**

Das Ausmaß, in dem Nachweis geführt wird, um Vertrauen zu schaffen, daß spezifizierte Forderungen erfüllt werden. Der Darlegungsgrad kann sich von einer Bestätigung des Vorhandenseins bis zu einer Lieferung detaillierter Dokumente und einem Nachweis über die Erfüllung erstrecken.

- **Design-Review**

Eine dokumentierte, umfassende und systematische Untersuchung eines Designs, um seine Fähigkeit zu beurteilen, die Qualitätsforderung zu erfüllen, um Probleme, falls vorhanden, zu identifizieren, sowie um die Entwicklung von Lösungen dazu vorzuschlagen.

- **Eichung**

Qualitätsprüfung einer Meßeinrichtung in bezug auf die Forderungen der Eichvorschrift und bei Erfüllung dieser Forderungen deren diesbezügliche Kennzeichnung. Vor der Eichung ist ggf. eine Justierung erforderlich.

- **Fehlerbaum-Analyse (FBA)**

Der Zweck der Fehlerbaum-Analyse ist die Ermittlung der logischen Verknüpfungen von Komponenten- oder Teilsystemausfällen, die zu einem unerwünschten Ereignis führen. Dabei geht man von einem unerwünschten Ereignis aus und stellt in einer Baumstruktur die Ausfallursachen dar. Bei konsequenter Anwendung liefert sie alle Ereigniskombinationen, die zu dem unerwünschten Ereignis führen. Der Fehlerbaum zeigt also die Ursachen-Wirkungs-Beziehungen auf, und dient so der Fehlerursachensuche.

Bei der Erstellung eines Fehlerbaums werden die Ereignisse durch logische Verknüpfungen miteinander verknüpft. Weiterhin werden Boole'sche Schaltsymbole verwendet. Die Fehlerbaum-Analyse wird in der DIN 25424 beschrieben. Dabei ist folgendes Vorgehen üblich:

1. Untersuchung des Systems mit Hilfe einer Systemanalyse, wobei das System in seine Untersysteme (Komponenten, Bauteile) aufgegliedert wird, z.B. Erstellung eines Systemblockdiagramms. Dabei werden untersucht: Systemfunktionen, Umgebungsbedingungen, Hilfsquellen, Komponenten, Organisation und Verhalten.

2. Festlegung des unerwünschten Ereignisses und der Ausfallkriterien. Dabei wird jedes unerwünschte Ereignis in einem separaten Fehlerbaum dargestellt.

3. Analyse der Ursachen-Wirkungs-Beziehungen und Ableitung der möglichen Ausfall- oder Versagensarten der Komponenten.

4. Aufstellung des Fehlerbaumes ausgehend vom unerwünschten Ereignis.

5. Auswertung des Fehlerbaumes unter besonderer Berücksichtigung von 'common mode failures' (eine Ursache läßt gleichzeitig mehrere Funktionselemente ausfallen)

Das Ziel der Fehlerbaum-Analyse ist die systematische Erfassung aller möglichen Ausfallkombinationen, die zu einem unerwünschten Ereignis führen und die Erstellung einer graphischen Darstellung zur Beschreibung von Ereignisfolgen. Mit Hilfe des

Fehlerbaums kann dann die Eintrittswahrscheinlichkeit der Ausfallkombinationen und des unerwünschten Ereignisses ermittelt werden.

Anmerkung:

Neben der Fehlerbaum-Analyse, bei der alle zu einem Ereignis führenden Fehlerursachen ermittelt werden (deduktives Vorgehen), gibt es noch die Ereignisablauf-Analyse (auch: Störfallablauf-Analyse), bei der alle durch das unerwünschte Ereignis ausgelösten Fehlerfolgen betrachtet werden (induktives Vorgehen). Dabei wird entsprechend dem Fehlerbaum ein Ereignisbaum erstellt, mit dem Ziel, die Eintrittswahrscheinlichkeit der einzelnen Störfallauswirkungen zu ermitteln.

- **Fehlergewichtung**

Einteilung der Fehler einer Einheit in Fehlergewichtsklassen nach einer Bewertung der möglichen Fehler, die an der Bedeutung der jeweiligen Fehler ausgerichtet ist. Die Bedeutung des Fehlers entspricht dann dem Fehlergewicht (meist numerische Bewertung). Die Bedeutung kann sich an unterschiedlichen Aspekten orientieren, wie z.B. die Auswirkung des Fehlers während der Produktion oder bei der Benutzung des ausgelieferten Produkts beim Kunden, der Aufwand zur Entdeckung des Fehlers (sprich der Prüfaufwand) sowie die Bedeutung des Fehlers im Rahmen von Maßnahmen zur Qualitätslenkung bzw. -verbesserung.

- **Fehlerklassifizierung**

Einstufung möglicher Fehler einer Einheit in Fehlerklassen nach einer Bewertung, die an Fehlerfolgen ausgerichtet ist. Eine zweckmäßige Fehlerklassifizierung kann z.B. bei drei Fehlerklassen erfolgen in: kritischer Fehler; Hauptfehler und Nebenfehler.

Dabei wird folgendermaßen unterschieden:

- Kritischer Fehler:

  Fehler, bei dessen Entstehung für die betroffene Umgebung kritische Folgen wirksam werden können, d.h. es kann für Personen, die die entsprechende Einheit benutzen zu gefährlichen, unsicheren Situationen führen bzw. der entstandene Fehler kann zur Funktionsunfähigkeit einer kompletten Anlage führen.

- Hauptfehler:

  Nichtkritischer Fehler, bei dessen Entstehung für die betroffene Umgebung erheblich beeinträchtigende Folgen wirksam werden können, d.h. daß die Brauchbarkeit des Produkts für den vorgesehenen Einsatz erheblich herabgesetzt wird.

– Nebenfehler:

Fehler, der kein Hauptfehler ist und bei dessen Entstehung für die betroffene Umgebung keine wesentlichen Folgen wirksam werden, d.h. daß der Fehler den Gebrauch der Einheit nur geringfügig beeinträchtigt.

• **Fehler-Möglichkeits- und Einfluß-Analyse (FMEA)**

Methode zur Untersuchung möglicher Fehler in den Elementen einer betrachteten Einheit sowie Feststellung der erwarteten Fehlerfolgen für die anderen Elemente und für die Funktion der betrachteten Einheit mit dem Ziel, durch geeignete Maßnahmen die potentiellen Fehlerfolgen zu minimieren.

Mit der FMEA-Methode werden systematisch Fehlerpotentiale in Entwicklung, Konstruktion und Fertigung bereits in der frühen Planungsphase vollständig erfaßt. Durch interdisziplinäre Projektteams werden mögliche Fehler erkannt und durch Maßnahmen vermieden. Der Ausdruck FMEA ist eigentlich nur eine Erneuerung des Begriffs der Ausfalleffekt-Analyse, die in DIN 25448 festgehalten ist.

Dabei werden, je nach Entwicklungsstadium folgende 3 Arten der FMEA, die aufeinander aufbauen, unterschieden:

1. Konstruktions-FMEA:

Untersuchung des Produktes hinsichtlich der Erfüllung der im Pflichtenheft festgelegter Funktionen und Betrachtung aller risikobehafteten Bauteile des Produktes hinsichtlich möglicher Fehler bei der Auslegung, bei der Fertigung und Montage.

2. Prozeß-FMEA:

Untersuchung des Herstellungsprozesses auf Eignung zur Herstellung der geforderten Produkteigenschaften und Betrachtung der bei der Herstellung des Produktes möglicher Fehlerquellen.

3. System-FMEA:

Untersuchung der Funktionstüchtigkeit der einzelnen Systemkomponenten im Zusammenwirken innerhalb des Gesamtsystems einschließlich der Schnittstellen und Betrachtung der Auswirkungen von Komponenten-Fehlern auf das betrachtete System.

Dabei wird im Allgemeinen folgendermaßen vorgegangen, wobei man sich zur Dokumentation eines speziellen FMEA-Formblatts bedient:

Risikoanalyse

1.   Ermittlung der potentiellen Fehler der Bauteile bzw. Prozeßschritte

2.   Ermittlung der Fehlerfolgen aus den Fehlern

3.   Ermittlung aller denkbaren Fehlerursachen zu den Fehlern

4. Auflistung der Maßnahmen zur Vermeidung und/oder Entdeckung des Fehlers oder der Fehlerursache und/oder zur Auswirkungsbegrenzung der Fehlerfolge

Risikobewertung

5. Schätzen der Wahrscheinlichkeit des Auftretens (Faktor A) einer potentiellen Fehlerursache

6. Schätzen der Bedeutung der Fehlerauswirkung (Faktor B), als Maß für die Auswirkung des Fehlers auf den Kunden

7. Schätzen der Wahrscheinlichkeit einen Fehler zu entdecken, bevor das Produkt den Kunden erreicht (Faktor E), als Maß für die Wirksamkeit der vorgesehenen Prüfmaßnahmen

8. Berechnung der Risikoprioritätszahl (RPZ):

$$RPZ = Auftreten\ (A) * Bedeutung\ (B) * Entdeckung\ (E)$$

Weitere Maßnahmen sollten erfolgen, wenn:

- RPZ > 125

- A > 8 oder B > 8 oder E > 8

- E < 3 (hohe Entdeckungswahrscheinlichkeit, Ziel: Fehlervermeidung)

Risikominimierung

9. Ermittlung von Verbesserungsmaßnahmen:

    a. Vermeidung der Fehlerursache oder Verringerung der Wahrscheinlichkeit des Auftretens dieser Fehlerursache

    b. Reduzierung der Bedeutung der Fehlerauswirkung durch aus wirkungsbegrenzende Maßnahmen

    c. Erhöhung der Entdeckungswahrscheinlichkeit, bevor das Produkt den Kunden erreicht, durch erhöhten Prüfaufwand

    Grundsatz: Fehlervermeidung vor Fehlerentdeckung

10. Festlegung von verantwortlichen Mitarbeitern für die jeweiligen Verbesserungsmaßnahmen und deren Durchführung

11. Tatsächlich eingeführte Maßnahme wird erneut einer Risikobewertung unterzogen. Die Risikominimierung wird solange wiederholt, bis das Fehlerrisiko unter einem vertretbaren Wert liegt.

- **Justierung**

Minimieren der systematischen Meßabweichungen durch Veränderung der Meßeinrichtung, soweit für die vorgesehene Anwendung erforderlich. Die Justierung setzt in der Regel eine Kalibrierung voraus.

- **KAIZEN** (japanisch: ständige Verbesserung)

In Verbindung mit dem Qualitätsgedanken wird KAIZEN als ständiges Streben nach Verbesserung verstanden, das sich auf das gesamte Unternehmen und alle Lebensbereiche der Mitarbeiter bezieht.

- **Kalibrierung**

Ermitteln der systematischen Meßabweichungen einer Meßeinrichtung ohne Veränderung der Meßeinrichtung.

- **Management-Review**

Eine formelle Bewertung des Standes und der Angemessenheit des Qualitätsmanagement-Systems in bezug auf die Qualitätspolitik sowie die Zielsetzungen durch die oberste Leitung.

Ergebnisse von Qualitätsaudits sind eine mögliche Informationsquelle für ein Management-Review.

- **Modell zur Darlegung des Qualitätsmanagement**

(häufig auch als QM-Nachweisumfang bezeichnet)

Durch die Anzahl der vereinbarten oder vorgegebenen QM-Elemente bestimmter Umfang der QM-Nachweisführung, wobei die Auswahl im Rahmen der geltenden QM-Nachweisstufe erfolgt.

- **Normal**

Maßverkörperung, Referenzmaterial, Meßgerät oder Meßeinrichtung mit dem Zweck, eine (Maß-) Einheit darzustellen, zu bewahren oder zu reproduzieren, um diese an andere Meßgeräte durch Vergleich weiterzugeben.

- **Organisationsstruktur**

Die in einer gewissen Form festgelegten Verantwortlichkeiten, Befugnisse und Wechselbeziehungen, mit deren Hilfe eine Organisation ihre Aufgaben erfüllt.

- **Pareto-Analyse**

Untersuchungsmethode mittels Anordnung aller eine Situation beeinflußenden Fakroren in einer Ordnung ihres relativen Einflusses, mit dem Ziel, eine detaillierte Untersuchung auf die Hauptfaktoren konzentrieren zu können.

Hierzu werden die Probleme oder ihre Ursachen in der Reihenfolge ihrer Bedeutung geordnet. Diese werden dann in einem Säulendiagramm (Pareto-Diagramm) visualisiert. Die Pareto-Analyse dient der Fokussierung der Problemlösung auf das wichtigste, größte oder kosteninensivste Problem. Sie wird häufig auch als ABC-Analyse bezeichnet, wobei unter diesen Begriff jedoch noch weitere Untersuchungsmethoden fallen.

- **Poka yoke**

(japanisch: poka = unbeabsichtigter Fehler, yoke = Verminderung, Vermeidung)

Umfaßt Prinzipien, Vorkehrungen und Einrichtungen zur Vermeidung von Fehlhandlungen in der Fertigung.

- **Produkthaftung**

Ein Grundbegriff zur Beschreibung der Verpflichtung eines Produzenten oder anderer zur Erstattung des Schadens infolge Verletzung einer Person, infolge eines Vermögens- oder anderen Schadens, die durch ein Produkt verursacht sind.

- **Prüfablaufplan**

Im Prüfablaufplan wird die Reihenfolge bzw. Arbeitsablauf zur Durchführung der Qualitätsprüfungen festgelegt.

- **Prüfanweisung**

Anweisung zur Durchführung einer Qualitätsprüfung.

Die Prüfanweisungen beinhalten dabei folgende Informationen:

- Prüf- bzw. Qualitätsmerkmale
- Annahmekriterien (Soll- bzw. Grenzwerte)
- Prüfhäufigkeit
- Prüfumfang
- Prüfmittel
- Prüfort

- Prüfverantwortlicher

- Prüfmethode

- Prüfablauf

- Art der Dokumentation

- Auswertung der Ergebnisse

- **Prüfmerkmal**

Merkmal, anhand dessen eine Qualitätsprüfung durchgeführt wird. Die Prüfmerkmale entsprechen häufig den Qualitätsmerkmalen, d.h. Merkmalen, die für die Qualität des Produkts von entscheidender Bedeutung sind.

- **Prüfplan**

Die Planung der Qualitätsprüfung wird im Prüfplan festgehalten. Im Prüfplan werden üblicherweise die Prüfmerkmale mit den Prüfmethoden, die Prüfbedingungen sowie die geeigneten Prüfmittel festgelegt. Im Rahmen der Prüfplanung sind auch die zur Durchführung der Prüfung erforderlichen Prüfanweisungen zu erstellen. Der Prüfplan enthält weiterhin den Prüfablaufplan und Festlegungen zur Dokumentation des Prüfstatus.

- **Prüfstatus**

Eine Aussage darüber, daß eine Qualitätsprüfung am Produkt durchgeführt wurde, wobei eine Information darüber enthalten ist, ob die Qualitätsforderung(en) erfüllt wurde(n) oder nicht, d.h. ob die Qualitätsprüfung bestanden wurde oder nicht. Der Prüfstatus soll dabei in irgendeiner Form dokumentiert werden. Dabei kommen folgende Möglichkeiten in Betracht:

- direkt am Produkt anbringen

- in einem Begleitpapier eintragen

- aus der Positionierung (Aufstellungs-, Lagerort) des Produkts folgernd

- in der EDV abrufbar

- **Qualität**

Die Gesamtheit von Merkmalen einer Einheit bezüglich ihrer Eignung, festgelegte und vorausgesetzte Erfordernisse zu erfüllen.

In zahlreichen Fällen können sich die Erfordernisse im Laufe der Zeit ändern, was eine periodische Prüfung der Qualitätsforderung bedeutet.

Erfordernisse werden in aller Regel in Merkmale mit festgelegten Prüfkriterien umgesetzt. Sie können z.B. Gesichtspunkte der Leistung, Brauchbarkeit, Verfügbarkeit, Funktionsfähigkeit, Instandhaltbarkeit, Sicherheit, Umwelt, der Wirtschaftlichkeit und der Ästhetik mit einbeziehen.

Das Wort „Qualität" wird weder gebraucht, um einen Vortrefflichkeitsgrad in einem vergleichbaren Sinne auszudrücken, noch wird es in einem quantitativen Sinne für technische Bewertungen verwendet.

• Qualitätsaudit

Eine systematische und unabhängige Untersuchung, um festzustellen, ob die qualitätsbezogenen Tätigkeiten und die damit zusammenhängenden Ergebnisse den geplanten Anforderungen entsprechen und ob diese Anforderungen wirkungsvoll verwirklicht und geeignet sind, die Ziele zu ereichen.

Qualitätsaudits sollen die Übereinstimmung von Beschreibung und Ausführung der qualitätsrelevanten Tätigkeiten überprüfen und eventuelle Schwachstellen ermitteln, um dann Verbesserungsmaßnahmen aufzuzeigen.

Dabei werden drei verschiedene Auditarten unterschieden:

– Produktaudit:

Beim Produktaudit wird ein verkaufsfähiges Produkt überprüft. Dabei wird eine unangekündigte Stichprobe aus den zum Versand vorbereiteten Produkten entnommen und einer Vollprüfung unterzogen.

– Verfahrensaudit:

Hier erfolgt die Überprüfung eines Verfahrens, d.h. eines Arbeitsablaufes oder eines technischen Prozesses. Dabei soll die Zweckmäßigkeit untersucht werden und kontrolliert werden, ob die festgelegten Maßnahmen und Regeln eingehalten werden.

– Systemaudit:

Beim Systemaudit wird das gesamte QM-System überprüft. Dabei wird die Struktur und Funktion des QM-System als Gesamtheit oder bezogen auf bestimmte QM-Elemente, in Hinblick auf Anwendung und Wirksamkeit untersucht.

Qualitätsaudits sollen von Personen durchgeführt werden, die keine direkte Verantwortung in den zu auditierenden Bereichen haben, wobei es aber wünschenswert ist, daß sie mit dem betreffenden Personal zusammenarbeiten.

• Qualitätsforderung

Eine Formulierung der Erfordernisse oder deren Umsetzung in eine Serie von quantitativ oder qualitativ festgelegten Forderungen an die Merkmale einer Einheit zur Ermöglichung ihrer Realisierung und Prüfung.

Es ist entscheidend, daß die Qualitätsforderung die festgelegten und vorausgesetzten Erfordernisse des Kunden voll widerspiegelt.

Quantitativ festgelegte Forderungen an die Merkmale enthalten z.B. Nennwerte, Bemessungswerte, Grenzabweichungen und Toleranzen.

- **Qualitätskosten**

Qualitätskosten sind Kosten, die vorwiegend durch die Qualitätsforderung verursacht sind, das heißt: Kosten die durch Maßnahmen zur Fehlerverhütung, durch Qualitätsprüfungen, durch interne oder externe Fehler sowie durch die QM-Darlegung entstehen.

Die Qualitätskosten werden dabei in vier Kostengruppen unterteilt:

- Fehlerverhütungskosten:

  Kosten, die durch Vorbeugungs- und Korrekturmaßnahmen im Rahmen des Qualitätsmanagement-Systems verursacht werden, d.h. alle Kosten, die entstehen, um den Mitarbeitern zu helfen, ihre Arbeit jederzeit richtig zu machen. Ihr Anteil an den Qualitätskosten beläuft sich auf etwa 5 %.

  Fehlerverhütungskosten werden z.B. verursacht von: Qualitäts-, Prüfplanung, Qualitätsaudits, Lieferantenbeurteilungen, Management-Reviews, Schulungen in den Methoden der Qualitätssicherung, Leitung des Qualitätswesens, Qualitätslenkung, Qualitätsförderungsprogramme, interne QM-Darlegung, usw.

- Prüfkosten:

  Kosten, die durch die Qualitätsprüfungen verursacht werden, d.h. die Kosten, um festzustellen, ob die Produkte annehmbar sind. Etwa 55 % der Qualitätskosten entfallen heutzutage auf Prüfkosten.

  Prüfkosten entstehen z.B.: im Wareneingang, in der Produktion / Fertigung, in der Montage, im Prüffeld, im Warenausgang, bei der Musterprüfung, bei Abnahmeprüfungen innerhalb und außerhalb des Betriebes, bei der Überwachung von Maschinen, Vorrichtungen, Werkzeugen und Prüfmitteln und im Rahmen der Qualitätsrevision.

- Interne und externe Fehlerkosten:

  Kosten, die durch die Nichterfüllung von Qualitätsforderungen verursacht werden, d.h. alle anderen Kosten, die durch das Unternehmen selbst oder auch durch seine Kunden aufgebracht werden müssen, weil die Produkte die Spezifikation nicht erfüllen oder Kundenerwartungen nicht treffen. Diese Kostengruppe wird meist nicht oder nur unzureichend erfaßt oder ist nicht erfaßbar. Sie kann sich jedoch geradezu dramatisch für das verursachende Unternehmen auswirken (Produkthaftung). Einen erheblichen Anteil an den Qualitätskosten von etwa 40 % stellen die Fehlerkosten dar, die sich ihrerseits zu 70 % aus Kosten für Ausschuß und Nacharbeit und zu 25 % für Reklamationen und Kundendienst zusammensetzen.

Beispiele für Fehlerkosten sind innerbetrieblich Kosten bezüglich: Ausschuß, Nacharbeit, Wertminderung, Sortier-, Wiederholungsprüfung, Ausfallzeiten und Problemuntersuchung; und außerbetrieblich Kosten bezüglich: Ausschuß, Nacharbeit, Gewährleistung, Produkthaftung und Kundendienst.

– Externe QM-Darlegungskosten:

Kosten, die durch Tätigkeiten im Rahmen des QM-Systems entstehen, die dargelegt werden, um angemessenes Vertrauen zu schaffen, daß die Produkte und Dienstleistungen die Qualitätsforderungen erfüllen. Dabei gehören die internen QM-Daregungskosten zu den Fehlerverhütungskosten.

Zu den externen QM-Darlegungskosten gehören Kosten bezüglich: externen Qualitätsaudits, externes QM-Handbuch und die unmittelbaren Zertifizierungskosten.

• **Qualitätskreis**

Begriffsmodell der zusammenwirkenden, die Qualität in den verschiedenen Stadien beeinflussenden Tätigkeiten, die von der Feststellung der Erfordernisse bis zur Bewertung, ob diese Erfordernisse erfüllt worden sind, reichen.

• **Qualitätslenkung**

Die vorbeugenden, überwachenden und korrigierenden Tätigkeiten bei der Realisierung einer Einheit mit dem Ziel, die Qualitätsforderung zu erfüllen.

Qualitätslenkung umfaßt Arbeitstechniken und Tätigkeiten, deren Zweck sowohl die Überwachung eines Prozesses als auch die Beseitigung von Ursachen nicht zufriedenstellender Leistung in allen Stadien des Qualitätskreises ist, um die wirtschaftliche Effizienz zu erreichen.

• **Qualitätsmanagement**

Alle Tätigkeiten der Gesamtführungsaufgabe, welche die Qualitätspolitik, die Ziele und Verantwortungen festlegen sowie diese durch Mittel wie Qualitätsplanung, Qualitätslenkung, Qualitätssicherung und Qualitätsverbesserung im Rahmen des Qualitätsmanagement-Systems verwirklichen.

Qualitätsmanagement ist die Verantwortung aller Führungsebenen, muß jedoch von der obersten Leitung betrieben werden. Ihre Verwirklichung bezieht alle Mitglieder einer Organisation ein. Beim Qualitätsmanagement sind wirtschaftliche Gesichtspunkte zu beachten.

- **Qualitätsmanagement-Plan**

Ein Dokument, in dem die spezifischen qualitätsbezogenen Arbeitsweisen und Hilfsmittel sowie der Ablauf der Tätigkeiten im Hinblick auf ein einzelnes Produkt, ein einzelnes Projekt oder einen einzelnen Vertrag dargelegt wird.

Ein Qualitätsmanagement-Plan bezieht sich üblicherweise auf die anwendbaren Teile des Qualitätsmanagement-Handbuchs.

- **Qualitätsmanagement-System**

Die Organisationsstruktur, Verantwortlichkeiten, Verfahren, Prozesse und die erforderlichen Mittel für die Verwirklichung des Qualitätsmanagements.

Das Qualitätsmanagement-System sollte nur den zum Erreichen der Qualitätsziele erforderlichen Umfang haben.

Das Qualitätsmanagement-System einer Organisation ist in erster Linie dazu bestimmt, die internen Notwendigkeiten des Managements für die Organisation zu erfüllen.

- **Qualitätsplanung**

Auswählen, Klassifizieren und Gewichten der Qualitätsmerkmale sowie schrittweise Konkretisieren aller Einzelforderungen an die Beschaffenheit zu Realisierungsspezifikationen, und zwar im Hinblick auf die durch den Zweck der Einheit gegebenen Erfordernisse, auf das Anspruchsniveau und unter Berücksichtigung der Realisierungsmöglichkeiten.

Qualitätsplanung umfaßt auch die Vorbereitung von Qualitätsmanagement-Plänen sowie das Treffen von Vorkehrungen für Qualitätsverbesserung.

- **Qualitätspolitik**

Die umfassenden Absichten und Zielsetzungen einer Organisation zur Qualität, wie sie durch die oberste Leitung formell ausgedrückt werden.

Die Qualitätspolitik bildet eines der Elemente der Unternehmenspolitik und wird durch die oberste Leitung genehmigt.

- **Qualitätsprüfung**

Feststellen, inwieweit eine Einheit die Qualitätsforderung erfüllt. Qualitätsprüfungen werden anhand von festgelegten Prüfmerkmalen, die sich auf bestimmte Qualitätsmerkmale beziehen, durchgeführt.

Die wichtigsten Arten der Qualitätsprüfungen sollen nachfolgend kurz erläutert werden:

- Eingangsprüfung:

Annahmeprüfung an einem zugelieferten Produkt. Unter Annahmeprüfung versteht man eine Qualitätsprüfung zur Feststellung, ob das angelieferte bzw. bereitgestellte Produkt den Qualitätsforderungen entspricht, also annehmbar ist. Die Eingangsprüfung wird in der Regel durch den Kunden bzw. den Auftraggeber selbst durchgeführt.

- Zwischenprüfung:

Qualitätsprüfung während der Realisierung einer Einheit. Dabei gibt es eine Vielzahl von verschiedenen Formen der Zwischenprüfung.

- Endprüfung:

Letzte der Qualitätsprüfungen vor Übergabe der Einheit an den Kunden bzw. den Auftraggeber. Dabei kann unter Auftraggeber auch eine unternehmensinterne Stelle verstanden werden (z.B. bei Übergabe einer Baugruppe in einen übergeordneten Fertigungsprozeß)

- 100%-Prüfung:

Qualitätsprüfung an allen Einheiten eines Prüfloses, d.h. es wird jedes einzelne Teil geprüft.

- Sortierprüfung:

100%-Prüfung, bei der sämtliche gefundenen fehlerhaften Einheiten aussortiert werden.

- Wiederholungsprüfung:

Qualitätsprüfung, die durchgeführt wird, nachdem eine Einheit nach unerwünschtem Ergebnis der vorausgegangenen Qualitätsprüfungen nachgebessert wurde. Dabei ist die Wiederholungsprüfung an derselben, nachgebesserten Einheit durchzuführen.

- **Qualitätsregelkarten (QRK)**

Qualitätsregelkarten dienen der Beobachtung von Prozessen zur rechtzeitigen Erkennung von Prozeßproblemen. Dazu werden dem Prozeß in regelmäßigen Abständen Stichproben entnommen und die Meßwerte oder statistischen Kenngrößen der Stichprobe (z.B. Mittelwert oder Streuung) in die Regelkarte eingetragen. Werden dabei vorher berechnete Warn- bzw. Eingriffsgrenzen überschritten, dann sind Aktivitäten erforderlich, z.B. Neueinstellung der Maschine.

- Warngrenze:

In einer QRK festgelegter (vorher bestimmter und eingetragener) Höchst- oder Mindestwert, unter- oder oberhalb dessen die einzutragenden Istwerte aus der Stichprobe mit großer Wahrscheinlichkeit liegen, solange der Prozeß beherrscht ist.

Wird eine Warngrenze überschritten, so ist der Prozeß mit erhöhter Aufmerksamkeit zu beobachten, z.B. mit einer größeren Anzahl von Stichproben. Die Warngrenzen liegen innerhalb der Eingriffsgrenzen.

– Eingriffsgrenze:

In einer QRK festgelegter (vorher bestimmter und eingetragener) Höchst- oder Mindestwert, bei dessen Über- oder Unterschreitung durch die Istwerte eine Korrektur des Prozesses mit entsprechender Klärung der Ursache erforderlich ist.

* **Qualitätssicherung**

Alle geplanten und systematischen Tätigkeiten, die innerhalb des Qualitätsmanagement-Systems verwirklicht sind, und die wie erforderlich dargelegt werden, um angemessenes Vertrauen zu schaffen, daß eine Einheit (Produkt oder Dienstleistung) die Qualitätsforderung erfüllen wird.

* **Qualitätsverbesserung**

Die überall in der Organisation ergriffenen Maßnahmen zur Erhöhung der Effektivität und Effizienz der Tätigkeiten und Prozesse zur Erzielung von Nutzen sowohl für die Organisation als auch für die Kunden.

* **Qualitätswesen**

Aufbauorganisatorische Einheit, die sich vorwiegend mit der Qualitätssicherung und dem Qualitätsmanagement befaßt.

* **Quality Function Deployment (QFD)**

QFD ist eine Methode zur systematischen und ganzheitlichen Produkt- und Qualitätsplanung mit konsequenter Orientierung an den Kundenwünschen. Aus den Kundenforderungen („Stimme des Kunden") werden die Anforderungen (Spezifikationen und technische Merkmale) in Form eines Pflichtenheftes an das Produkt abgeleitet. Mit diesem Pflichtenheft werden die Kundenwünsche für das Unternehmen und für alle Abteilungen verbindlich festgelegt. Schließlich müssen alle Abteilungen, d.h. die Produktentwicklung, die Produktionsplanung, die Qualitätsplanung sowie die Fertigung und der Vertrieb in systematischer Weise zur Erfüllung der Kundenwünsche beitragen. Dadurch wird das Know-how aller Abteilungen genutzt, mit dem Ziel, daß Produkte entstehen, die dem Kundenwunsch entsprechen und den Kunden zufrieden stellen.

Für die Dokumentation der Planungsergebnisse des QFD-Prozesses bedient man sich der matrixartigen Darstellung in einem QFD-Formular, das aufgrund seiner Form `House of Quality`genannt wird.

Das Vorgehen orientiert sich dabei an folgendem Ablauf:

1. Zusammenstellen der Kundenanforderungen

2. Gewichtung der Kundenanforderungen

3. Ermittlung der technischen Konstruktionsmerkmale

4. Festlegung von meßbaren Größen für die Konstruktionsmerkmale

5. Beziehungen zwischen Kundenanforderungen und Konstruktionsmerkmalen

6. Berechnung der technischen Bedeutung

7. Optimierungsrichtung der Konstruktionsmerkmale festlegen

8. Wechselbeziehungen der Konstruktionsmerkmale untereinander

9. Marktbewertung

10. Technischer Konkurrenzvergleich

11. Schwierigkeitsgrad schätzen

12. Verkaufsschwerpunkte festlegen

13. Qualitätsziele festlegen

14. Kritische Qualitätsmerkmale auswählen

- **Rückverfolgbarkeit**

Das Vermögen, den Werdegang, die Verwendung oder den Ort einer Einheit mittels aufgezeichneter Identifizierungen rückzuverfolgen.

Rückverfolgbarkeit betrifft in Beziehung auf ein Produkt die Herkunft von Material und Teilen, die Verarbeitungsgeschichte eines Produktes sowie die Verteilung und Positionierung des Produkts nach seiner Auslieferung.

Im Sinne des Kalibrierens bringt der Begriff Rückverfolgbarkeit Meßeinrichtungen in eine Verbindung mit nationalen oder internationalen (Primär-) Normalen bzw. (Primär-) Standards oder physikalischen Fundamentalkonstanten oder -eigenschaften oder mit Referenzmaterial.

Im Sinne der Datenerfassung bringt Rückverfolgbarkeit die im ganzen Qualitätskreis erzeugten Berechnungen und Daten zuweilen in eine Verbindung mit der Qualitätsforderung an eine Einheit.

- **Selbstprüfung**

Prüfung des Arbeitsergebnisses durch den Ausführenden selbst gemäß festgelegten Regeln.

Die Ergebnisse der Selbstprüfung können zur Prozeßlenkung verwendet werden.

- **Spezifikation**

Ein Dokument, in dem Forderungen fesgelegt sind.

Eine Spezifikation sollte auf Zeichnungen, Vorlagen oder andere einschlägige Dokumente verweisen oder diese enthalten und sollte auch die Mittel und Kriterien angeben, mit denen die Konformität geprüft werden kann.

- **Statistische Prozeßregelung (SPC)**

Unter SPC (Statistical Process Control, dt.: Statistische Prozeßregelung) versteht man die qualitätssichernden Maßnahmen, die einen Prozeß mittels statistischer Methoden verfolgen und bei Bedarf regelnd bzw. lenkend eingreifen, bevor Ausschußteile hergestellt werden. Die SPC versucht Prozesse einschätzen zu können, wodurch man Aussagen über Fähigkeit und Beherrschtheit des Prozesses gewinnen und denselben optimieren kann. Durch graphische Darstellung der Untersuchungsergebnisse wird eine intensive Beobachtung des Prozesses ermöglicht. Eine quantitative Aussage über die Qualitätsfähigkeit eines Prozesses ermöglicht das Berechnen von Fähigkeitskennzahlen. Es wird zwischen Maschinen-(Kurzzeit-) und Prozeß-(Langzeit-) Fähigkeit unterschieden.

Im Rahmen der SPC sollen in einem geschlossenen Regelkreis systematische Störungen möglichst früh (je später, desto höher die Folgekosten) während der Produktherstellung entdeckt und eliminiert werden. Das vorrangige Ziel ist grundsätzlich Fehlervermeidung statt Fehlerentdeckung, wodurch im Normalfall eine Reduzierung der Ausschuß-, Nacharbeits- und Prüfkosten erreicht wird. Eingetretene Fehler lassen sich jedoch durch SPC nicht mehr rückgängig machen.

Die SPC wird mit Hilfe von Qualitätsregelkarten (QRK) - manuell oder mit dem Rechner - durchgeführt. Von einer QRK wird der Verlauf eines einzelnen Produkt- oder Prozeßmerkmals erfaßt und dargestellt. Dabei werden die Lage des Prozesses (mit Hilfe von Kennwerten der Lage; z.B. Mittelwert oder Median) und die Streuung des Prozesses (mit Hilfe von Kennwerten der Streuung; z.B. Standardabweichung oder Spannweite) überwacht. Phasen in denen der Prozeß nicht beherrscht ist und langfristige Veränderungen am Prozeß können erkannt werden. Man kann mit QRK systematische von zufallsbedingten Einflüssen unterscheiden.

- **TQM (Totales Qualitätsmanagement)**

Auf der Mitwirkung aller ihrer Mitglieder beruhende Führungsmethode einer Organisation, die Qualität in den Mittelpunkt stellt und durch Zufriedenstellung der Kunden auf langfristigen Geschäftserfolg sowie Nutzen für die Mitglieder der Organisation und für die Gesellschaft zielt.

„Alle ihre Mitglieder" bezeichnet jegliches Personal in allen Stellen und allen Hierarchie-Ebenen der Organisationsstruktur. Wesentlich für den Erfolg dieser Methode sind die überzeugende und nachhaltige Führung durch die oberste Leitung sowie die

Ausbildung und Schulung aller Mitglieder der Organisation. Der Begriff Qualität bezieht sich beim totalen Qualitätsmanagement auf das Erreichen aller Managementziele. „Der Nutzen für die Gesellschaft" bedeutet Erfüllung der Forderungen der Gesellschaft.

• Validierung

Bestätigen aufgrund einer Untersuchung und durch Führung eines Nachweises, daß die besonderen Forderungen für einen speziellen vorgesehenen Gebrauch erfüllt worden sind.

In Design / Entwicklung betrifft die Validierung den Prozeß der Untersuchung des Produktes, um die Konformität mit den Erfordernissen des Anwenders festzustellen.

Eine Validierung wird üblicherweise an einem Endprodukt unter festgelegten Betriebsbedingungen durchgeführt.

• Verifizierung

Bestätigen aufgrund einer Untersuchung und durch Führung eines Nachweises, daß die geltenden Forderungen erfüllt worden sind.

In Design / Entwicklung betrifft die Verifizierung den Prozeß der Untersuchung des Ergebnisses einer betrachteten Tätigkeit, um die Konformität mit der an diese Tätigkeit gestellten Forderung festzustellen.

• Zertifizierung

Die Zertifizierung ist „...eine Maßnahme durch einen unparteiischen Dritten, die aufzeigt, daß ein ordnungsgemäß bezeichnetes Erzeugnis, Verfahren oder eine ordnungsgemäß bezeichnete Dienstleistung in Übereinstimmung mit einer bestimmten Norm oder einem bestimmten anderen normativen Dokument besteht" (vgl. DIN EN 45012).

Dabei wird durch eine neutrale, unabhängige Institution eine einheitliche Auditierung von QM-Systemen gemäß anerkannten Regeln durchgeführt und bei Erfüllung der gestellten Forderungen ein Zertifikat ausgestellt.

• Zuverlässigkeit

Sammelbegriff zur Beschreibung der Leistung bezüglich Verfügbarkeit und ihrer Einflußfaktoren: Leistung bezüglich Funktionsfähigkeit, Instandhaltbarkeit und Instandhaltungsunterstützung.

Zuverlässigkeit ist einer der zeitbezogenen Aspekte der Qualität. Zuverlässigkeit wird ausschließlich für allgemeine Beschreibungen in nicht quantitativen Aussagen benutzt.

2 Abkürzungen

AMSI	American National Standards Institute
AOQ	Average Outgoing Quality
AQAP	Allied Quality Assurance Publication (NATO-Forderungen)
AQL	Acceptable Quality Level
ASQC	American Society for Quality Control
BGB	Bürgerliches Gesetzbuch
BSI	British Standards Institute
CAQ	Computer Aided Quality Assurance
CEN	European Committee for Standardization
CENELEC	European Committee for Electrotechnical Standardization
CIP	Continuous Improvement Process
CIQ	Computer Integrated Quality Assurance
COPANT	Pan American Standards Commission
DAR	Deutscher Akkreditierungsrat
DGQ	Deutsche Gesellschaft für Qualität e.V.
DIN	Deutsches Institut für Normung e.V.
DITR	Deutsches Informationszentrum für Technische Regelwerke
DOE	Design of Experiments
DQS	Deutsche Gesellschaft zur Zertifizierung von Qualitäts- sicherungssystemen mbH
EAC	European Association of Certification
EFQM	European Foundation for Quality Management

EN	Europäische Norm
EOQ	European Organization for Quality
EOQC	European Organization for Quality Control
EOTC	European Organization for Testing and Certification
EQA	European Quality Award
EQS	European Committee for Quality System Assessment and Certification
EQNET	European Network for Quality System Assessment and Certification
FBA	Fehlerbaum-Analyse
FMEA	Fehlermöglichkeits- und Einflußanalyse
FTA	Fault Tree Analysis
GS	Geprüfte Sicherheit (GS-Zeichen)
GSG	Gerätesicherungsgesetz
HGB	Handelsgesetzbuch
IAQ	International Academy for Quality
IQA	Institute of Quality Assurance
IQM	Integrated Quality Management
ISO	International Office of Standartisation (in Genf)
ISO TC 176	Technical Committee 176: Quality Management and Quality Assurance (innerhalb der internationalen Organisation für Normung (ISO) verantwortlich für die Inhalte der ISO-9000er-Familie)
JIT	Just in Time
MBNQA	Malcolm Baldrige National Quality Award
MDQ	Market Driven Quality
MFU	Maschinenfähigkeits-Untersuchung
MTBF	Mean Time between Failures

NQSZ	Normenausschuß Qualitätsmanagement, Statistik und Zertifizierungsgrundlagen
OC	Operationscharakteristik
ÖQS	Österreichische Vereinigung zur Zertifizierung von Qualitätsmanagementsystemen
ÖVQ	Österreichische Vereinigung für Qualitätssicherung
PFU	Prozeßfähigkeits-Untersuchung
ProdHaftG	Produkthaftungsgesetz
Q 101	Weltweite Qualitätssicherungssystem-Richtlinie / 1990 der Firma Ford
QA	Quality Assurance
QFD	Quality Function Deployment
QIT	Quality Improvement Team (meist funktionsübergreifende Arbeitsgruppe zur Lösung von Qualitätsproblemen)
QKZ	Qualitätskennzahlen
QM	Qualitätsmanagement
QMH	Qualitätsmanagement-Handbuch
QMI	Quality Management Institute (Kanada)
QMS	Qualitätsmanagement-System
QRK	Qualitätsregelkarte
QS	Qualitätssicherung
QSF	Qualitätssicherungsforderungen (für Luft- und Raumfahrt)
RAB	Registrar Accreditation Board
RAL	Deutsches Institut für Gütesicherung und Kennzeichnung
SAQ	Schweizerische Arbeitsgemeinschaft für Qualitätsförderung
SQA	Statistical Quality Assurance
SQS	Schweizerische Vereinigung für Qualitätsmanagement-Zertifikate

UMS   Umweltmanagement-System

TGA   Trägergemeinschaft für Akkreditierung GmbH

TQC   Total Quality Control

TQM   Total Quality Management

VDA   Verband der Automobilindustrie e. V.

VDA 6   Fragenkatalog des VDA zur Durchführung und Bewertung eines
               Qualitätssicherungs-Systemaudits

VDMA   Verband Deutscher Maschinen- und Anlagenbau

3 Zum Weiterlesen

Die folgende Literaturliste soll dem Leser einen kleinen Überblick über empfehlenswerte, weiterführende Literatur auf dem Gebiet der Qualitätssicherung und des Qualitätsmanagements geben. Sie wird von den Autoren für weitere Vertiefungen empfohlen.

1. Literatur zu Qualitätsmanagement-Systemen und Zertifizierung:

a) <u>Bücher</u>

Schönbach, Gerhard: 20 Schritte zur Qualität - Leitfaden Qualitätssicherung für mittlere und kleinere Unternehmen
1991, Rationalisierungs-Kuratorium der Deutschen Wirtschaft (RKW) e.V., Eschborn

Glaap, Winfried: ISO 9000 leichtgemacht
Praktische Hinweise und Hilfen zur Entwicklung und Einführung von QS-Systemen; 2. überarbeitete Auflage
1996, Carl Hanser Verlag, München/Wien

Rothery, B.: Der Leitfaden zur ISO 9000
Mit QM-Musterhandbuch und Erläuterungen
1994, Carl Hanser Verlag, München/Wien

Wittig, Klaus-Jürgen: Qualitätsmanagement in der Praxis
DIN ISO 9000, Lean Production, Total Quality Management, Einführung eines QM-Systems im Unternehmen;
2.Auflage 1994, B.G. Teubner Verlag, Stuttgart

Schwenke, Rolf G.R.: Qualitätssicherungs-System
Planen, Ausarbeiten, Einführen, Kontrollieren
1991, MaschinenbauVerlag GmbH, Frankfurt

Schwenke, Rolf G.R.: Qualitätssicherungs-Handbuch
1992, MaschinenbauVerlag GmbH, Frankfurt

Leist R.; Scharnagl A.:	Qualitätsmanagement Methoden und Werkzeuge zur Planung und Sicherung der Qualität (nach DIN ISO 9000 ff.) 1994 (Aktualisierungs-Service möglich), WEKA Fachverlag, Augsburg
Hansen, Wolfgang:	Zertifizierung und Akkreditierung von Produkten und Leistungen der Wirtschaft; 1993, Carl Hanser Verlag, München/Wien
Bläsing, J.P.:	Praxishandbuch Qualitätssicherung, gmft-Verlag - Band 2, A1: QS-Systeme und Nachweis der Qualitätsfähigkeit des Unternehmens, 1987 - Band 2, A2: Die Normen DIN ISO 9000 bis 9004 zum Thema QS-Systeme, 1987 - Band 2, A3: Zertifizierung von QS-Systemen,1987 - Band 4, A5: Die QS-Elemente der DIN ISO 9001 und der DIN ISO 9004,1988
Mahr, T.:	Überprüfung der Effizienz von Qualitätssicherungsystemen 1989, gfmt-Verlag, München

b) <u>Normen und Schriften</u>

VDMA/DGQ:	Aufbau von Qualitätssicherungsystemen in kleinen und mittleren Unternehmen; 2. Auflage 1995, aktualisiert auf den neuen Stand der Norm (8/94) Zu beziehen bei: Maschinenbau Verlag GmbH, 60528 Frankfurt am Main, Lyonerstr. 18, Best.-Nr. 439-DGQ
DGQ-Schrift 12-61:	Aufbauorganisation des Qualitätswesens 2. Auflage 1995, Beuth Verlag, Berlin
DGQ-Schrift 12-62:	Qualitätssicherungs-Handbuch und Verfahrensanweisungen 2. Auflage 1991, mit Anhang zu den Änderungen der DIN EN ISO 9004: 1994-08, Beuth Verlag, Berlin
DGQ-Schrift 12-63:	Systemaudit 2. Auflage 1993, Beuth Verlag, Berlin
DGQ-DQS-Schrift 100-11:	DQS-Auditprotokoll 1. Auflage 1995, Beuth-Verlag, Berlin

DIN ISO 10011-1:   Leitfaden für das Audit von Qualitätssicherungssystemen; Auditdurchführung
1992-06, Beuth Verlag, Berlin

E DIN ISO 10013:   Leitfaden für die Erstellung von Qualitätsmanagement-Handbüchern
1994-02, Beuth Verlag, Berlin

DIN EN ISO 9000-1:   Normen zum Qualitätsmanagement und zur Qualitätssicherung/QM-Darlegung - Teil 1:
Leitfaden zur Auswahl und Anwendung
1994-08, Beuth Verlag, Berlin

E DIN ISO 9000-2:   Qualitätsmanagement- und Qualitätssicherungsnormen
Allgemeiner Leitfaden zur Anwendung von ISO 9001, ISO 9002 und ISO 9003,
1992-03, Beuth Verlag, Berlin

DIN ISO 9000-3:   Qualitätsmanagement- und Qualitätssicherungsnormen
Leitfaden für die Anwendung von ISO 9001 auf die Entwicklung, Lieferung und Wartung von Software
1992-06, Beuth Verlag, Berlin

DIN ISO 9000-4:   Normen zu Qualitätsmanagement und zur Darlegung von Qualitätsmanagementsystemen
Leitfaden zum Management von Zuverlässigkeitsprogrammen
1994-06, Beuth Verlag, Berlin

DIN EN ISO 9001:   Qualitätsmanagementsysteme
Modell zur Qualitätssicherung/QM-Darlegung in Design, Entwicklung, Produktion, Montage und Wartung
1994-08, Beuth Verlag, Berlin

DIN EN ISO 9002:   Qualitätsmanagementsysteme
Modell zur Qualitätssicherung/QM-Darlegung in Produktion, Montage und Wartung
1994-08, Beuth Verlag, Berlin

DIN EN ISO 9003:   Qualitätsmanagementsysteme
Modell zur Qualitätssicherung/QM-Darlegung bei der Endprüfung
1994-08, Beuth Verlag, Berlin

DIN EN ISO 9004-1:	Qualitätsmanagement und Elemente eines Qualitäts- managementsystems - Teil 1: Leitfaden 1994-08, Beuth Verlag, Berlin
DIN EN ISO 9004-2:	Qualitätsmanagement und Elemente eines Qualitätssiche- rungssystems - Leitfaden für Dienstleisungen 1992-06, Beuth Verlag, Berlin
E DIN ISO 9004-3:	Qualitätsmanagement und Elemente eines Qualitätssiche- rungssystems - Leitfaden für verfahrenstechnische Produkte 1992-07, Beuth Verlag, Berlin
E DIN ISO 9004-4:	Qualitätsmanagement und Elemente eines Qualitätssiche- rungssystems - Leitfaden für Qualitätsverbesserung 1992-07, Beuth Verlag, Berlin
E DIN ISO 9004-7:	Qualitätsmanagement und Elemente eines Qualitätsmana- gementsystems - Leitfaden für Konfigurationsmanagement 1993-12, Beuth Verlag, Berlin

2. Literatur zum Qualitätsmanagement im Allgemeinen:

a) <u>Bücher</u>

Masing, Walter:	Handbuch Qualitätsmanagement 3.Auflage 1994, Carl Hanser Verlag, München/Wien
Pfeifer, Tilo:	Qualitätsmanagement Strategien, Methoden, Techniken 2.Auflage 1996, Carl Hanser Verlag, München/Wien
Hering; Triemel; Blank:	Qualitätssicherung für Ingenieure 1. Auflage 1993, VDI-Verlag, Düsseldorf
Hering; Steparsch; Linder:	Zertifizierung nach DIN EN ISO 9000 1. Auflage 1996, VDI-Verlag, Düsseldorf
Rinne; Mittag:	Statistische Methoden der Qualitätssicherung 3.Auflage 1994, Carl Hanser Verlag, München/Wien
Crosby, Philip B.:	Qualität 2000 kundennah, teamorientiert, umfassend 1994, Carl Hanser Verlag, München/Wien

Tunks, Robert:	Der schnelle Weg zur Qualität Ein 12-Monatsprogramm für kleine und mittelständische Unternehmen 1994, Carl Hanser Verlag, München/Wien

b) <u>Normen und Schriften</u>

DGQ-Richtlinie 11-04:	Begriffe zum Qualitätsmanagement 6. Auflage 1995, Beuth Verlag, Berlin
DGQ-Leitfaden 11-19:	Einführung in die Qualitätslehre 8. Auflage 1994, Beuth Verlag, Berlin
DGQ-Bericht 14-20:	Rechnerunterstützung in der Qualitätssicherung (CAQ) 1. Auflage 1987, Beuth Verlag, Berlin
DGQ-Bericht 19-30:	Qualität und Recht 1. Auflage 1988, Beuth Verlag, Berlin
DIN-Taschenbuch 223:	Qualitätssicherung und angewandte Statistik; Begriffe 1. Auflage 1989, Beuth Verlag, Berlin
DIN-Taschenbuch 224:	Qualitätssicherung und angewandte Statistik; Verfahren 1 1. Auflage 1989, Beuth Verlag, Berlin
DIN-Taschenbuch 225:	Qualitätssicherung und angewandte Statistik; Verfahren 2: Probennahme und Annahmestichproben- systeme 1. Auflage 1993, Beuth Verlag, Berlin
DIN-Taschenbuch 226:	Qualitätsmanagement und Statistik; Verfahren 3: Qualitätsmanagementsysteme 2. Auflage 1995, Beuth Verlag, Berlin
DIN EN ISO 8402:	Qualitätsmanagement - Begriffe 1995-08, Beuth Verlag, Berlin
DIN EN ISO 8402, *Beiblatt 1:*	Qualitätsmanagement; Anmerkungen zu Begriffen 1995-08, Beuth Verlag, Berlin

DIN ISO 10012-1:   Forderungen an die Qualitätsicherung für Meßmittel
                          Bestätigungssystem für Meßmittel
                          1992-08, Beuth Verlag, Berlin

VDI / VDE / DGQ: Richtlinie 2618, Blatt 1,
                          Prüfanweisungen zur Prüfmittelüberwachung
                          Einführung
                          Beuth Verlag, Berlin

VDI / VDE / DGQ: Richtlinie 2619
                          Prüfplanung
                          Beuth Verlag, Berlin

VDA-DGQ-Schriftenreihe: Qualitätsmanagement in der Automobilindustrie

c) <u>Zeitschrift</u>

Masing, Walter: Qualität und Zuverlässigkeit
                          Zeitschrift für Qualitätsmanagement in Industrie und
                          Dienstleistung
                          Monatlich erscheinende Fachzeitschrift und zugleich
                          Verbandsorgan der Deutschen Gesellschaft für Qualität e.V.
                          Carl Hanser Verlag, München/Wien

Sachwortverzeichnis